有意性検定から「仮説が正しい確率」へ

瀕死の統計学を救え！

豊田秀樹 ［著］

朝倉書店

はじめに

　本書はミステリー小説です．前半に深刻な多数の難事件が連続して起き，危機的な状況に陥ります．しかし伏線は回収され，困難は克服され，後半に事件解決のカタルシスが得られます．このミステリーのユニークな特徴は，物語の終盤まで，悪人が一人も登場しないことです．善良な人物しか登場しないので，事件は余計に深刻です．大団円で初めて悪人が登場します．そして一連の難事件が解決されたからこそ見えてくる，黒洞洞たる次の闇が現れ，本編は終了します．

　統計学は，人工知能をはじめとする多くの学問分野の基礎をなす学問です．しかし統計学は，現在，危機的な状況に直面しています．瀕死の状態です．

　Science というとても有名な学術雑誌に，再現性の危機に関する衝撃的な論文が，2015 年に掲載されました．心理科学の重要な知見の多くは，追試をしても同様の結果が得られないと，この論文 [1] は警鐘を鳴らしたのです．追試とは，同じ条件の下で実験や調査を再び行い，同じ結果が得られるか否かを確認することです．たとえば「塩酸と水酸化ナトリウムを混合する」と何度実験しても食塩になります．再現できる結果は科学的知見として蓄積されます．このように追試による結果の再現は科学的活動の基本です．しかし，たとえば社会心理学では，追試して再現できた研究はたったの 25% でした．4 つに 1 つです．ひどすぎます．

　実験や調査に関する多くの学術雑誌は，これまで統計学における有意性検定の結果が有意であることを根拠に論文を公刊してきました．そこでは p 値と呼ばれる確率が 5% を下回ったか否かが，論文採否の主たる判断基準でした．この判定法は簡便で，客観的で，論文を書く手段として便利でした．しかし重視されすぎたために，5% を切ること自体が目的となる傾向が生まれました．論文執筆の競争が激しいために，手段と目的の逆転現象が起きたのです．そして不幸なことに，あれこれ工夫すると学術的に無意味なデータから $p < 0.05$ を示すことは，実は簡単でした．これが再現性がない論文を大量に公刊してしまう原因となりました．

　その状況を憂い，統計学の総本山ともいえるアメリカ統計学会 (American Statistical Association; ASA) は，統計的に有意でも科学的に無意味な論文をなくすために，「統計的有意性と p 値に関する声明」[2] を 2016 年に発表しました．そこでは「科学的な結論や決定は，p 値が有意水準を超えたかどうかにのみ基づく

べきではない.」と宣言されています.この声明は「ポスト $p < 0.05$ 時代」へ向けて研究方法の舵を切らせるものだとも明言しています.

2019 年 3 月に,ASA の学術誌 *The American Statistician* で「21 世紀の統計的推論:"$p < 0.05$"を超えて」と題した特集号が公刊されました.本論の章タイトルは Don't say "Statistically Significant" であり,命令形ではっきりと有意性検定を禁止しました.巻頭の Editorial [4] では,「統計的に有意」という用語の使用を完全に停止する時が来たと結論付けています.また学術誌の編集,統計教育,その他の制度的慣行は変更する必要がある,とも警告しています.ASA は,3 年たっても変わらない情勢に業を煮やし,有意性検定に終了宣言を出しました.心理学以外の多くの学術分野からも再現性のなさの報告が相次いだからです.

権威ある科学雑誌 *Nature* は「統計的有意性を引退させよう」というタイトルのコメント論文 [3] を同時期の 2019 年 3 月に公刊し,これには 800 人以上の科学者が署名していました.ASA の 2016 年の声明に対し「我々はこの声明に同意し,統計的有意性の概念全体を放棄するよう求める.」と述べています.

例えるならば,統計学メーカーの最大手企業 (ASA) が,自社主力製品のリコールを宣言し,統計学ユーザーの最大消費者団体 (*Nature*) が不買運動宣言をしたことに相当します.それでもあなたは p 値を使い続けるのでしょうか? まだ有意性検定を教え続けるのでしょうか?

まじめに研究している科学者は,ある意味で被害者です.学問的に有用な情報を発信している研究者は,自らの発見を公刊するための論文執筆の作法/形式として有意性検定と p 値を利用してきました.繰り返される p 値への批判に対して「だれか偉い統計学者達が,価値のある研究とそうでない研究を峻別できる決定的な指標を早く決めて提案してほしい」と感じている科学者も少なくありません.激しい競争の中で,名誉と生活とをかけて研究しているのですから,当然の感想です.しかし *Science* の論文にも,ASA の声明にも,*Nature* のコメントにも決定的な新指標の提案はありません.なぜでしょう.

「A という統計指標が B という基準を満たしたならば,研究分野/文脈によらずに,その研究に公刊される価値がある」ことを自動的に判定できる指標など,本来,存在しないから,ではないでしょうか.あらゆる研究において,分野・領域・文脈・分析目的に関係なく,適用対象や結果の軽重を問わずに『p 値が 0.05 を切ったか否か』のみを価値判断の基準として利用してきた今までの方針こそが誤っていたのではないでしょうか.「実質科学的判定を,純粋に統計学の範囲内だけで済ませよう」という考え方自体を変更すべきです.判定のための客観的な材

料を提供するのが統計学の役割であり，同時に統計学の役割はここまでです．判定の主役は各分野の知識をもった専門家であるべきです．

　p 値は確率なのに，直感的な解釈が困難です．しかし分析結果として利用される数値は，実感のこもった，統計学の素人でも容易に理解できる指標のほうがフレンドリーです．幸いなことに，その指標はすでに実用化され，広く社会インフラとして根付いています．それは例えば，私たちが毎日使っている E メールのフィルターに実装されている「迷惑メールである」確率です．この確率は p 値とは異なり，言葉通りに，届いたメールが，スパムである確率そのものを示しています．専門知識がなくても，誰にでも理解できる表現であり，実感できる確率です．この方法論を取り入れたらどうでしょう．

　治療法 A と B の入院期間を比較する研究を例に考えてみます．これまでは論文の結論として「入院期間の平均値には，5%水準で有意差があった．」と記述してきました．この表現は，とても抽象的です．これをやめ，研究目的の具体的な状況に合わせ，柔軟にリサーチクエスチョンを設定し，返答します．たとえば

　A 群の平均入院期間は B 群のそれより半日以上短縮する．

　A 群の 71%の患者は入院期間が B 群の平均入院期間より短い．

　A 群は B 群に比べて平均入院期間が，比率で 0.94 以下で済む．

のような，医師ばかりでなく患者さんでも理解できる結論の表現に変えたらどうでしょう．そして，メールフィルターのように，その表現が正しい確率を示すのです．分析者も読者も，双方が効果を実感できます．本書では，誰にでも直感的に理解できる仮説が正しい確率 (PHC, Probability that Hypothesis is Correct) を，p 値に代わる指標として用いることの大切さを解説します．

　本書の内容は，web から入手できる R と Stan のコードによって，すべてを再現できます．すぐに実践的分析に供していただけます．R も Stan もフリーソフトですから無料で使用できます．朝倉書店の Web サイト (http://www.asakura.co.jp/) の本書のサポートページから，データとスクリプトを入手してご利用ください．

　本稿執筆の過程で学術的な議論を通じ，多くの方にお世話になりました．本書における誤りの責はすべて著者にあるとの記述とともに，当初，お名前をあげて感謝の意を示すことを是非にも希望しておりました．しかし本書の内容は相当程度ラディカルなので，もし著者の一味と疑われると，恩のある方々に却って迷惑かと懸念し，断念いたしました．心の中で感謝申し上げております．

　　2020 年 1 月

　　　　　　　　　　　　　　　　　　　　　　　　豊 田 秀 樹

目　　次

■ プロローグ

[心理学者] 人間には未来予知の超能力があるんですよ.

[司会者] 信じられません. そんなものないでしょう.

権威ある学術的なトップジャーナルに載った論文 [5] があります. ベムという社会心理学者は, 学術的に正式な実験をして, 人間には予知能力があることを示しました.

ホントですか!? 信じられません. どんな実験ですか.

まずパソコンに 2 つのカーテンの写真を並べて表示します.

そのカーテンの後ろには何があるんですか?

一方のカーテンの後ろには異性のヌード写真があり, 他方には何もありません. 実験の被験者に, 写真が隠されたカーテンがどちらかを当ててもらうんです.

ヌード写真! 大好きです. 見たいですねー 被験者は男性ですか?

いえ, 被験者は男女同数です. コーネル大学の学生です.

透視の超能力の実験のように聞こえますが・・・.

写真があると感じるカーテンを被験者が選んだ後に, 乱数でヌード写真の位置を決めます. そのあとでカーテンを開き, 当たったかどうかを確認します. だから透視ではなく, 未来予知の超能力の実験なんです.

で, 結果はどうなりました?

実験結果は統計学における有意性検定にかけられ, p 値が計算されました. p 値が 5% 以下の場合は「統計的に有意差がある」といいます. この実験データの p 値は約 1% でした. 5% よりずっと小さい値ですから, 統計的に高度な

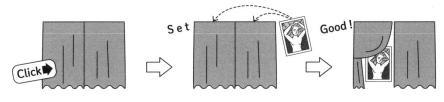

有意差です.

突然, 難しくなりましたね. やさしく説明してください.

失礼しました. 統計学的に高度に有意であるということは, 未来予知の超能力はないという仮説, 言い換えるならば「的中の確率は五分五分である」という仮説を強い確信をもって捨てられるということです.

だから逆に未来予知の超能力があるということですね.

はい, そのとおりです. ちなみに普通の写真を使った同じ実験では, 統計学的な有意差は見出されませんでした. これぞ裸を見たいという執念です.

人間のスケベ心には, 凄い可能性が秘められているんですね.

[統計学者] ちょっと待ってください.

私もその論文を読んだことがあります. データを再分析したこともあります. しかしその論文は, 予知能力の存在を示していません.

どうしてですか. 予知能力が存在しない確率は1%で, 存在する確率は99%なんでしょ. だったら予知能力はあるんじゃありませんか.

いえ, それは p 値に対する典型的な誤解です. p 値は予知能力が存在しない確率ではありません. 仮説が正しい確率, あるいは間違っている確率と p 値とは別物です.

えー, 違うんですか!! じゃあ p 値とは何の確率ですか.

それは後でちゃんと説明します. それよりも, 実は···. 今おっしゃった仮説が正しい確率は, 別の方法でちゃんと計算することができます.

ホントですか!? では示してください (最初から言ってよ).

はい, でもそのためには「予知能力がある」という研究仮説をもう少し正確に表現する必要があります.

あまり難しいことを言わないでくださいね.

いえ，難しいことは言いませんから，安心してください. そもそも，もし「予知能力がある」なら，どれくらいの確率でヌードの位置を当てられるのでしょう. 直感的な印象でけっこうです. 基準となる点を作りたいのです.

うーん，超能力だから10割！ ・・・ と言いたいところですが，8割から9割当てられれば驚きますね.

はい，授業中に学生に質問しても，だいたい同じような回答になります. 今まで聞いた中で一番低く答えた学生さんは7割でした. では「予知能力がある」という仮説を「的中確率は7割以上である」と表現して，「ない」という仮説をそれ以外と表現していいですか.

7割とは，また，しょぼい超能力ですね. でも，予知能力があるほうが夢があって楽しいので，その甘めの表現でOKです.

7割以上という仮説表現の下で，この論文のデータから計算される「予知能力がある」という仮説が正しい確率は，有効数字4桁で0%と推定されます.

ホントですか!?　p 値とは正反対の結果ですね.

はい本当です. 「予知能力がない」という仮説が正しい確率は100%です. つまりこの論文のデータは，むしろ積極的に予知能力が存在しないことを示しているのです.

でも有意性検定では，予知能力が存在するという結論になったのですよね.

はい. このためこの論文はたいへん話題になり，追試実験がいくつも行われました. でもベムの実験は再現されていません. 要するに統計的に有意でも心理学的には無意味な論文だったのです. ベムの論文ばかりでなく，現在 p 値を使った再現できない論文が続々と見つかり，科学界を揺るがす大問題に発展しています.

ベム先生は，最初から研究仮説が正しい確率を求めればよかったのですね. いま思いついたのですが，そもそもヌード写真の位置は何%的中できたのですか.

約53%です.

えー，たったそれだけ・・・. p 値とかいう確率が1%だっていうから，ヌード写真の位置を的確に当てたのかと思いましたよ. じゃあ難しい計算するま

でもなく，予知能力なんてないじゃないですか．なぜ検定を使うと予知能力が存在することになってしまうのですか．

先生も言っていたように，検定では「的中確率が50%ピッタリである」という仮説をたてて，それを否定したのです．

「予知能力がまったくない」という仮説を否定しても，53%じゃあ，ないのと一緒ですよ．どうして「的中確率が50%ピッタリである」という仮説を否定するのですか？

50%は「まったくでたらめ」ということです．この仮説はあらゆる研究分野で，分析目的に関係なく，適用対象を問わずに利用できて便利でした．利用の文脈を一切考えずに，オールマイティに利用できたからです．

でも，それはいくら何でも手抜きすぎませんか．53%で予知能力があるって言われても困ります．

そのとおりです．手抜きです．利用の文脈を考えない検定の利用は，学問の発展を阻害しています．研究分野・分析目的・適用対象に応じて基準点を決めることが大切です．

だから，どれだけヌードの位置を当てられたら予知能力があるかを調査して「7割以上」と基準点を定めたのですね．53%ではかくし芸にもなりませんね．

そうです．でも，だからこそ，利用する文脈によっては，53%でも予知能力があると言えるケースがあります．

えっ，予知能力って，やっぱりあるんですか．

はい，あります．次の瞬間の株価の上下を予測するAIを例[6]に考えてみましょう．保守本流の未来予知の課題です．「AIの的中率は，デイトレードで投資家が生活できる基準点以上である」という仮説が正しければ，(あくまでもその意味で)「予知能力がある」といえます．基準点は，手数料と元金の関数で決まり，財務的条件がそろえば，基準点が53%でもデイトレードで十分暮らせます．

なるほど，ベムと同じ的中率でも，それで暮らしていけるなら，紛れもなく立派な予知能力ですね．基準点の価値を決めるのは統計学の仕事でないこと，学問分野ごとに異なる専門知識を使って基準点を評価することは，本質的に重要だということが分かりました．

第**I**部
瀕死の
統計学

1 「統計的に有意」は 必要条件にしか過ぎない

学述的価値に連動しない査読の基準

1.1 予知能力の存在が示された!?

この不思議な物語は,怪しげな 1 編の論文から始まります.ダリル・ベム博士はコーネル大学の名誉教授であり,著名な社会心理学者です.彼の EBE 理論 (性的志向の異質感が性愛感に変わる理論) は多くの教科書にも掲載されています.

2011 年のことです.JPSP という社会心理学の最も権威ある学術雑誌に,ベムは突然,「未来の予感」と題した論文 [5] を発表します (図 1.1).学術論文としてはいささか奇妙でロマンチックなタイトルの「未来の予感」には,多くの実験とその分析が掲載されていましたが,とくに第 1 実験が注目すべきものでした.ヌード写真を使ったその実験は,およそ以下のとおりでした.

● ● ● ベムの予知能力実験 ● ● ●

コンピュータ画面に,2 つのカーテンを並べて表示する.「一方のカーテンの裏には異性のヌード写真が隠され,他方にはありません.写真のあると思うカーテンをクリックしてください」と被験者は教示を受ける.ヌード写真があると感じるカーテンを被験者がクリックした後に,乱数によって写真を一方の裏にだけセットする.カーテンを開き,写真があるか否かを確認する.これを 1 試行とする.1560 試行中 829 試行でヌード写真の位置が的中した.

ベムはこのデータを有意性検定と呼ばれる統計手法で分析し,統計的に有意であることを根拠に JPSP へ「未来の予感」の公刊を申請しました.学術雑誌では,通常,その論文に学術価値があるか否かを判定するために,査読と呼ばれる審査を行います.実験や調査を利用した多くの学術論文は,これまで統計学における有意性検定の結果が有意であることを根拠に公刊されてきました.

有意性検定では,通常 p 値と呼ばれる確率が 5% を下回ったときに「統計的に

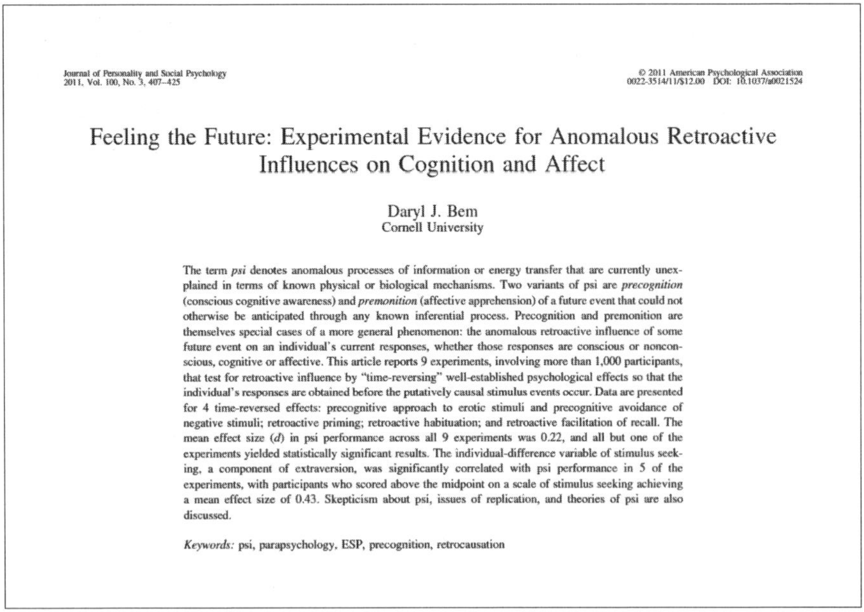

Journal of Personality and Social Psychology
2011, Vol. 100, No. 3, 407–425

© 2011 American Psychological Association
0022-3514/11/$12.00 DOI: 10.1037/a0021524

Feeling the Future: Experimental Evidence for Anomalous Retroactive Influences on Cognition and Affect

Daryl J. Bem
Cornell University

The term *psi* denotes anomalous processes of information or energy transfer that are currently unexplained in terms of known physical or biological mechanisms. Two variants of psi are *precognition* (conscious cognitive awareness) and *premonition* (affective apprehension) of a future event that could not otherwise be anticipated through any known inferential process. Precognition and premonition are themselves special cases of a more general phenomenon: the anomalous retroactive influence of some future event on an individual's current responses, whether those responses are conscious or nonconscious, cognitive or affective. This article reports 9 experiments, involving more than 1,000 participants, that test for retroactive influence by "time-reversing" well-established psychological effects so that the individual's responses are obtained before the putatively causal stimulus events occur. Data are presented for 4 time-reversed effects: precognitive approach to erotic stimuli and precognitive avoidance of negative stimuli; retroactive priming; retroactive habituation; and retroactive facilitation of recall. The mean effect size (*d*) in psi performance across all 9 experiments was 0.22, and all but one of the experiments yielded statistically significant results. The individual-difference variable of stimulus seeking, a component of extraversion, was significantly correlated with psi performance in 5 of the experiments, with participants who scored above the midpoint on a scale of stimulus seeking achieving a mean effect size of 0.43. Skepticism about psi, issues of replication, and theories of psi are also discussed.

Keywords: psi, parapsychology, ESP, precognition, retrocausation

図 1.1　ベムの「未来の予感」と題した論文の扉

有意差あり」と判定します．多くの研究分野において，分析目的に関係なく，適用対象を問わずに「p 値が 0.05 を切ったか否か」を価値判断の基準として利用してきました．

ベムの予知能力実験の p 値は 1.3%であり，$p < 0.05$ でした．JPSP の審査委員は困ってしまいました．「予知能力が存在する」などというトンデモな論文を公刊したら，権威ある学術雑誌の名誉に傷がつきます．さりとて $p < 0.05$ という条件をクリアしているのにベムの論文だけを不採択にすれば，公正で公平な扱いとはいえません．迷った末に，審査委員はベムの主張を認め，ついに「未来の予感」は JPSP から公刊されました．

予想通り，ベムの論文は大きな反響を呼び，各方面から激しい批判を受けました．もちろん心理学者達は，ただちに追試実験を開始しました．しかし実験結果を誰も再現できませんでした．統計的には有意でも，心理学的には無意味な論文だったのです．

1.2 検定の目的

「未来の予感」が権威ある社会心理学の学術誌に掲載された理由は、有意性検定が要求する $p < 0.05$ という条件を満たしていたからです。では有意性検定とは何でしょうか。有意性検定には多くの種類があります。ここではベムが用いた二項検定を例にとり、有意性検定の一般的な考え方を具体的に説明します。

統計学では、確率的に結果の変わる試みを**試行**といいます。仮にヌード写真の位置を予知する試行を 10 回実施したとしましょう。試行の結果、観察されうる状態を**事象**といいます。的中とハズレが事象です。たとえば、写真の位置を 7 回的中させたとします。試行の回数を**試行数** n と呼び、的中回数を**成功数** x と呼びましょう。このとき成功数を試行数で割った値を**標本比率**といい、

$$標本比率 = \frac{成功数}{試行数} = \frac{7}{10} = 0.7 \tag{1.1}$$

と計算します。標本比率はデータから計算された比率です。

世の中には 70% の確率でヌード写真の位置を的中できれば、それを予知能力だと考える人も、ほんの少しはいます。では、この標本比率は予知能力の存在を示しているでしょうか。いいえ、必ずしも示しているとは限らないのです。

なぜならば、歪みのない正確なコインをトスしても、10 回中 7 回表が出ることは珍しくないからです。コイントスのように、結果の事象が 2 つ (表か裏) しか

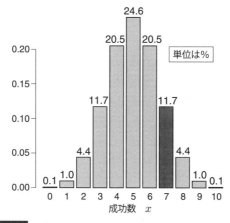

図 1.2 試行数 $n = 10$、母比率 $\pi = 0.5$ の 2 項分布

いない試行において，表が出る数の確率は**2項分布**と呼ばれる確率分布 (図 1.2)
で示されます．ここで確率分布とは，どの値がどのくらいの確率で観察されるか
の様子です．確率分布は単に分布と呼ばれることもあります．2項分布は確率分
布の一種です．

図 1.2 によればコイントスで 10 回中 7 回表が出る確率は 11.7%もあります．追
試実験をすれば，10 回に 1 回以上は観察できるのです．今回はたまたまヌードの
位置を 7 回的中させたけれども，コイントスと同じで，次はそんなに当たらない
かもしれません．だから標本比率からの考察だけでは「十分高いから予知能力は
ある！」「いや偶然だ，コイントスと同じかもしれない」という水掛け論が始まっ
てしまいます．

学術的に最も重要なことは現象の再現性です．同じ状況下で無数の追試実験を
行ったと想定したときの平均的な比率が，十分に大きいことが大切です．もしそ
れが示されれば，誰の目にも予知能力が存在することは明らかです．

ここでいう平均的な比率は，目の前のデータから計算された標本比率とは異なっ
ていますから，区別するために**母比率** π (パイ) と別の名前で呼びましょう．学術
的には標本比率ではなく，母比率の値に興味があるのです．

コイントスで表が出る事象の母比率は $\pi = 0.5$ です．「超能力の存在を示す」た
めには，少なくとも，ヌード写真の位置を的中させる母比率が $\pi = 0.5$ でないこ
とを示す必要があります．必要条件です．しかし必要条件にしか過ぎません．

1.3 検定の手続き

学術的興味の対象が，標本比率ではなく母比率 π にあるとしても，追試実験を
無数に行うことは現実的には不可能です．そこで有意性検定の一種である二項検
定の登場です．**二項検定**は，1 回の実験データから (標本比率ではなく) 母比率に
関する一定の判断を示すための方法です．手続きは図 1.3 です．この手続きは，
二項検定に限らず，多くの**有意性検定**に共通しています．

図 1.3 の「有意性検定の流れ」は専門用語ばかりなので，1 つ 1 つ丁寧に説明
しましょう．

Step1 では帰無仮説 H_0 と対立仮説 H_1 を設定します．

具体的に帰無仮説は

$$H_0 : \pi = 0.5 \tag{1.2}$$

とします．**帰無仮説**は「ヌード写真の位置が当たる母比率は，コイントスと同じ

Step **1**	帰無仮説 H_0 と対立仮説 H_1 を設定
Step **2**	H_0 を真として検定統計量を計算
Step **3**	標本分布から p 値を計算
Step **4**	帰無仮説 H_0 を棄却または採択

図 1.3 有意性検定の流れ

0.5 で，まったく偶然だ」という意味です．分析者ベムが，無に帰したい（棄却したい）仮説です．帰無仮説の否定は，予知能力存在の必要条件です．

対立仮説は帰無仮説の否定です．$H_1 : \pi \neq 0.5$ とします．「まったくの偶然ではない」という意味です．対立仮説は，分析者が最終的に採択したい仮説です．

1.3.1 標 本 分 布

Step2 では H_0 を真として検定統計量を計算します．

統計量とはデータの関数

$$統計量 = f(データ) \tag{1.3}$$

です．すでに登場した成功数 x や標本比率は，データから計算されますから，統計量です．

検定統計量とは，検定で使用する統計量のことです．二項検定では成功数 x か，または標本比率を検定統計量として利用できます．(1.1) 式の例では，成功数は $x = 7$ で，標本比率は 0.7 でした．どちらを検定統計量として使っても，検定結果は同じです．

Step3 では標本分布から p 値を計算します．

標本分布は統計量（たとえば成功数 x）の分布です．帰無仮説 (1.2) 式が真であると仮定し，試行数 n の追試実験を無数に繰り返すことを想像します．さらにその実験ごとに成功数 x を調べたと想像してください．このときの成功数の分布を x の標本分布といいます．実験結果は成功か失敗の 2 通りですから，成功数 x の標本分布は 2 項分布です．

追試実験を無数に繰り返すことは実際にはしません．検定は 1 回の実験データに適用されます．したがって標本分布は理論上の概念であり，実際には観測されません．想像上の実在しない分布です．標本分布は，標本の分布（データの分布）ではありませんから，注意してください．

前述の図 1.2 は $n = 10$ の場合の x の 2 項分布です. **2 項分布**は一般的に

$$2 項分布_n(x|\pi) \tag{1.4}$$

と表記します. かっこの中は, エックス/ギブン/パイと読みます. **縦棒 | ギブン**は given であり, 母比率 π が与えられた条件下での成功数 x の確率分布という意味です. 「コイントスで 10 回中 7 回表が出る確率は 11.7%である」という代わりに,

$$2 項分布_{n=10}(x = 7|\pi = 0.5) = 0.117 \tag{1.5}$$

と表記することもできます.

1.3.2 p 値

検定統計量 x を計算したら, x の確率的な評価をします. そのときに計算されるのが p 値です. **p 値**とは, 帰無仮説が真であるという仮定の下で, 検定統計量が標本分布においてデータから計算された値以上に甚だしい値となる確率です.

データから計算された検定統計量ピタリの値になる確率ではありませんから注意してください. くどいようですが, 成功数 7 そのものが観察される確率ではありません. 帰無仮説が真である状態で, 観察された成功数 7 以上に甚だしい事象が生じる確率が p 値です.

成功数 5 を基準にして 7 以上に甚だしい値というのは, 3 以下の領域も含みます. 具体的には, $x = \{0, 1, 2, 3, 7, 8, 9, 10\}$ のどれかが観察される事象の確率が p 値です. 図 1.2 から該当する柱の確率を拾うと

$$(11.7 + 4.4 + 1.0 + 0.1) \times 2 = 34.4\% \tag{1.6}$$

となります. $p = 0.344$ となりました.

なぜ p 値は, データから計算された検定統計量そのものが生じる確率ではないのでしょうか. それはその確率が高いのか低いのかを評価することが難しいからです.

試しに, 試行数 100 回, 的中数 70 回という実験データを考えてみましょう. 標本比率は変化せずに 0.7 のままです. しかし 2 項分布で確率を評価すると

$$2 項分布_{n=100}(x = 70|\pi = 0.5) = 0.00002 \tag{1.7}$$

となります. ぴったり $x = 70$ が観察される確率は, たった 0.00002 です.

　試行数 100 の場合は x は 0 から 100 まで 101 通りの可能性があるので，一つ一つは小さな確率になります．データから計算した検定統計量そのものが観察される確率は，n の大きさに強く依存してしまいます．

　このため「起きやすい事象なのか，起きにくい事象なのか」を判断するための確率としては，相応しくないのです．言い換えるならば，試行結果の種類数が 11 と 101 のように元々違うのだから，標本比率 0.7 そのものが観察される確率は，評価の指標として適切ではないということです．

　試行数 100 のときは，実験で観察された的中数 70 以上に甚だしい事象が生じる確率が p 値です．$n = 100$ の 2 項分布には 101 本の柱があり，該当する柱の確率を拾って合計を求めると，p 値は

$$p(0 \leq x \leq 30, \text{または } 70 \leq x \leq 100) = 0.000079 \tag{1.8}$$

となります．

　ここで $p(\ \ )$ はかっこ内の事象が生じる確率を表す記号とします．標本比率が 0.7 以上に甚だしい値が観察される確率は 0.000079 と言い換えても構いません．

　試行数 10 の場合には，標本比率が 0.7 より甚だしくなる確率は 34.4% もありました．それに対して試行数 100 の場合には同じ事象が生起する確率は 0.0079% ときわめて小さくなります．ピタリの確率ばかりでなく，観測値以上に甚だしい確率を求めてもなお，同じ標本比率なら，試行数 100 の場合のほうが p 値は小さくなるということです．

　言い換えるならば，コイントスを 10 回試みるくらいなら標本比率が 0.7 より甚だしくなる現象はよく起きます．それに対して 100 回も投げたら標本比率が 0.7 より甚だしくなる現象はまず起きないということです．

　計算された検定統計量よりも甚だしくなる確率である p 値を用いると，このような実情を妥当に反映し，確率の高低を正しく比較できるようになります．

1.3.3　有意水準

Step4 では帰無仮説 H_0 を棄却または採択します．

　有意性検定では，p 値が小さくて起きにくい事実が観察されたら，帰無仮説が真であるという仮定が正しくて，かつ起きにくい値が観察されたのではなく，そもそも「帰無仮説は偽」であったのだろうと判断します．これを**帰無仮説の棄却**といいます．この場合は**対立仮説を採択**します．

　ただし「起きにくい」という表現は，文学的かつ主観的です．そこで結果を見

る前に，予め確率で定義しておきます．起きにくさとして予め定めた確率を有意水準と言い，α と表記します．有意水準には一般的に 0.05 が用いられます．

なぜ有意水準は 5% なのかと問われても理由はありません．あらゆる研究分野において，分析目的に関係なく，適用対象を問わずに，また結果の重要度に係わらず，頻繁に利用されるのは $\alpha = 0.05$ です．

試行数 $n = 10$ の実験で，標本比率 0.7 の場合は，$p = 0.344 > 0.05$ です．帰無仮説が真であるという仮定の下で起きにくい値は観察されていません．この場合は「帰無仮説が偽」であるという証拠は得られなかったと判断します．これを**帰無仮説の採択**といいます．この場合は対立仮説を棄却します．要するに 10 回中 7 回も当たることは「コイントスでも起こり得る」という判断になります．

試行数 $n = 100$ の実験で，標本比率 0.7 の場合は，$p = 0.000079 < 0.05$ です．帰無仮説が真であるという仮定が正しくて，かつ起きにくい値が観察されたのではなく，そもそも「帰無仮説は偽」であったのだろうと判断します．帰無仮説を棄却し，対立仮説を採択します．この状態を「**有意差がある**」とか，単に「**有意である**」などといいます．要するに「100 回中 70 回も当たるのは，コイントスのような試行とは違う」という判断です．

母比率 $\pi = 0.5$ という帰無仮説に対して，標本比率 0.7 は，$n = 10$ では，5% 水準で統計的に有意ではありません．$n = 100$ では，5% 水準で統計的に有意です．

1.3.4 棄却域と採択域

試行数 $n = 10$ の場合は，どこまでの甚だしい標本比率なら p 値は 5% 以内に収まるのでしょうか．図 1.4 に $n = 10, \pi = 0.5$ のときの標本比率の標本分布を示しました．この図は図 1.2 の 2 項分布とまったく同じですが，横軸を成功数 x から標本比率に変更してあります．後ほど試行数 $n = 100$ の場合と比較しやすくするためです．

標本比率が 1.0 または 0.0 の場合は，p 値は 0.2% (=0.1+0.1) だから，$p < 0.05$ で有意です．標本比率が 0.9 または 0.1 の場合は，p 値は 2.2% $(=(1.0+0.1) \times 2)$ だから，$p < 0.05$ で有意です．ところが標本比率が 0.8 または 0.2 の場合は，p 値は 11.0% $(=(4.4+1.0+0.1) \times 2)$ だから，もう $p > 0.05$ で有意ではありません．さらに 0.5 に近づくと，もう有意にはなりません．

統計的に有意である場合には帰無仮説を棄却し，有意でない場合には帰無仮説を採択するのでした．そこで標本分布において，検定結果が有意になる検定統計量の領域を**棄却域**と呼びます．$\{0.0, 0.1, 0.9, 1.0\}$ が棄却域です．標本分布

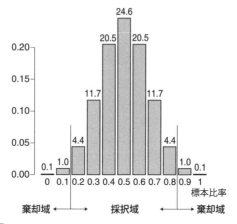

図 1.4 標本比率の標本分布と棄却域と採択域 (試行数 $n = 10$)

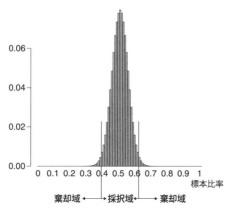

図 1.5 標本比率の標本分布と棄却域と採択域 (試行数 $n = 100$)

において，検定結果が有意にならない検定統計量の領域を**採択域**と呼びます．
$\{0.2, 0.3, 0.4, 0.5, 0.6, 0.7, 0.8\}$ が採択域です．

試行数 $n = 100$ のときの標本比率の標本分布を図 1.5 に示します．横軸は図
1.4 とまったく一緒です．試行数 $n = 10$ のときは 11 本の柱がありましたが，試
行数 $n = 100$ のときは 101 本の柱になりました．

左右の端のほうは，柱がないように見えますが，これは低すぎて印刷が見えな
いだけで，ちゃんと 0.00 から 1.00 まで柱は存在しています．

試行数 $n = 10$ と比較したときの，試行数 $n = 100$ の標本分布の一番の特徴は，

分布の形状が中央部分にギュッと圧縮されていることです.

標本比率の棄却域は

$$\{0.00 \leq 標本比率 \leq 0.39, と 0.60 \leq 標本比率 \leq 1.00\}$$

です. 60 回以上当てられれば, 帰無仮説を 5%水準で棄却して, 有意差があると論文に書くことができます. 採択域は

$$\{0.40 \leq 標本比率 \leq 0.59\}$$

です. 試行数 $n = 10$ の場合は, 採択域の幅が 0.6 (=0.8–0.2) でした. それと比較すると, 試行数 $n = 100$ の場合は, 採択域の幅が 0.19 (=0.59–0.40) です. 一般的に有意水準と標本比率が同じなら, n の増加に伴って採択域は狭まります. 逆に, 棄却域は広がります.

1.3.5　信頼区間による区間推定

標本比率と母比率は, 互いに異なった概念です. 学術的には標本比率ではなく, 母比率の値に興味があるのでした. ただし標本比率は, 母比率の推定値として利用することができます. 標本比率のような 1 点の値で母数を推定する方法を点推定といいます. ここで母数とは (2 項分布に限らず, 一般的に) 確率分布の特徴を決める数的指標です. 母比率 π は母数の一種です.

それに対して母数を区間で推定する方法を区間推定といいます. 以下に, 母比率 π を区間で推定する方法を説明します.

有意性検定の **Step1** において, 帰無仮説を

$$H_0 : \pi = 0.0 \quad \sim \quad 1.0 \tag{1.9}$$

のように, 母比率が定義されている範囲で連続的に動かします. それぞれで有意水準 α の検定を実施し, 帰無仮説が棄却されない下限 π_L と, 上限 π_H とを調べます. このとき区間 (π_L, π_H) を, **$((1 - \alpha) \times 100)$%信頼区間**といいます.

$\alpha = 0.05$ の場合は **95%信頼区間**, $\alpha = 0.01$ の場合は 99%信頼区間と呼ばれます. 原理的には有意水準 α の値は, どの値でもよいのですが, 伝統的には 95%信頼区間が最も頻繁に利用されます.

試行数 $n = 10$, 成功数 $x = 7$ のとき 95%信頼区間は [0.348, 0.933] となり, 幅は 0.585 です. 試行数 $n = 100$, 成功数 $x = 70$ のとき 95%信頼区間は [0.600, 0.788] となり, 幅は 0.188 です. ぐんと狭まりました. 標本比率と有意水準が同じであれば, 試行数が大きいほうが, 信頼区間は狭くなります.

1.4 「未来の予感」の検定結果

二項検定の仕組みを利用して，いよいよベムの「未来の予感」の有意性検定を再分析[*1)]してみましょう．ヌード写真の位置は 1560 試行中 829 回[*2)]的中しました．

Step1 では帰無仮説 H_0 と対立仮説 H_1 を設定します．

$$H_0 : \pi = 0.5, \qquad H_1 : \pi \neq 0.5$$

Step2 では H_0 を真として検定統計量を計算します．

二項検定では成功数，標本比率はどちらでも同じ結果を与える検定統計量として利用できました．成功数は $x = 829$，標本比率は 0.531 ($= 829/1560$) です．半分の試行数は 780 ($= 1560/2$) ですから，49 回 ($= 829 - 780$) 余分に当てています．

Step3 では標本分布から p 値を計算します．

p 値は，「成功数が 829 回以上になるか，または 731 ($= 780 - 49$) 回以下になる」事象が生じる確率です．帰無仮説が真 ($\pi = 0.5$) であると仮定し，試行数 $n = 1560$ の 2 項分布で評価します．該当する成功数の柱の確率を全部足し上げると，p 値は 1.4%になります．

Step4 では帰無仮説 H_0 を棄却または採択します．

p 値が有意水準より小さい場合に「帰無仮説が正しくかつ確率的に起きにくいことが起きたと考えるのではなく，帰無仮説は間違っていた」と判定します．これが帰無仮説の棄却でした．

有意水準としては一般的に 5%が用いられるのでした．二項検定の結果は $p = 0.014 < 0.05$ で有意です．したがって予知能力は存在するとベムは主張しました．学術雑誌 JPSP の査読者もその主張を認め，論文は公刊されました．ただちに複数の追試実験が行われましたが，実験結果は再現されませんでした．

試行数 $n = 1560$ の 2 項分布による標本分布を図 1.6 に示します．成功数と標

[*1)] 「未来の予感」には正規分布で近似した検定統計量が示されています．ここでは近似を使わずに，今ならったばかりの二項検定をしてみましょう．こちらのほうが厳密な結果になります．

[*2)] 論文には標本比率は 0.531 であると記されています．このことから的中数は $x = 1560 \times 0.531 \simeq 829$ 回または 828 回と推測されます．ここでは予知能力があるという主張に有利になるように的中数は $x = 829$ 回としました．

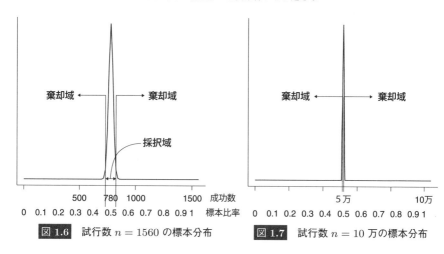

図 1.6　試行数 $n = 1560$ の標本分布　　図 1.7　試行数 $n = 10$ 万の標本分布

本比率の両方を横軸の目盛りとしました．真ん中のわずかな部分を除いて，左右の端のほうは柱がないように見えますが，これは低すぎて印刷が見えないだけで，ちゃんと 0 から 1560 まで 1561 本の柱が存在しています．

試行数 $n = 1560$ のときの成功数の棄却域は

$$\{0 \leq x \leq 741, \text{ と } 819 \leq x \leq 1560\}$$

です．中央のわずかな範囲が採択域です．標本比率の棄却域は

$$\{0.000 \leq \text{標本比率} \leq 0.475, \text{ と } 0.525 \leq \text{標本比率} \leq 1.000\}$$

です．52.5%以上当てられれば，帰無仮説を 5%水準で棄却して「有意である」とベムは論文に書くことができたのです．

もちろん「超能力の存在を示す」ためには，少なくとも $\pi = 0.5$ でないことを示す必要があります．しかしそれは必要条件にしか過ぎません．53.1%では，そもそもだれも予知能力があるとは思わないからです．あらゆる研究分野において，分析目的に関係なく，適用対象を問わずに

$$H_0 : \pi = 0.5 \quad \text{の下での} \quad p < 0.05$$

を判断基準にするのは誤っています．

95%信頼区間は $[0.506, 0.556]$ です．検定結果が有意なので，信頼区間は帰無仮説で設定した $\pi = 0.5$ を含んでいません．ただしこれは偶然ではなく，信頼区間の定義から導かれる性質です．

1.5 「念力実験」をしてみよう

　もし試行数が，たとえば 10 万回になったら二項検定はどうなるでしょう．写真の位置を 10 万回予言するのは大変ですから「念力実験」はどうでしょうか．「表が出ろ」と念じて 1 円玉を延べ 10 万回 [*3)] 投げ，表が出た枚数を数えるという実験です．この実験における二項検定の標本比率の棄却域は

$$\{0.0000 \leq 標本比率 \leq 0.4969, \, と \, 0.5031 \leq 標本比率 \leq 1.0000\}$$

となります．50.3% 以上表が出れば「$p < 0.05$ で有意」と論文に書くことができます．学術雑誌 JPSP のように，p 値が 5% を切ることを掲載の条件とする雑誌に対して，ベムのように「念力は存在する」と主張できることになってしまいます．標本分布は棄却域で覆われた針状の図 1.7 で，採択域はまるで針の穴です．

　図 1.4，図 1.5，図 1.6，図 1.7 の横軸は標本比率です．0 から 1 までの値をとります．その意味で 4 枚の形状は，互いに比較可能です．順番に見比べると n の増加に伴って，急速に棄却域が広がり，採択域が狭まっている形状が観察されます．

　試行数 $n = 1560$ の場合は，採択域は 0.5 ± 0.025 です．試行数 $n = 10$ 万になると，採択域は 0.5 ± 0.0031 です．一般的に，n の増加に伴って採択域は 0.5 を中心に，いくらでも狭まっていきます．逆に，棄却域は広がります．

　標本比率がベムのデータと同じ 0.531 であるとすると，53100 回表が出たことになります．このとき p 値は，有意水準である 0.05 と比較して，

$$p = 2.2 \times 10^{-16} = 0.00000000000000022 \tag{1.10}$$

という，トンデモなく小さな確率 [*4)] になります．p 値が小さければ，より安心して帰無仮説を捨てられます．しかし p 値の小ささのご利益はその程度です．p 値が 0.05 よりずっと小さいときには高度に有意と表現します．上式では，まさに高度に有意です．でも常識では，0.531 で「念力がある」とは誰も言いません．

[*3)] 「100 円玉 1 枚を 1 円玉 100 枚に両替します．『表が出ろ』と強く念じて 1 円玉 100 枚を同時に投げます．これを 10 回繰り返し，合計 1000 枚中何枚表がでたか数えなさい．」という課題を学生に出したらどうでしょう．学生が 100 人いるクラスなら，1 回の授業で，試行数 $n = 10$ 万の「念力実験」が実施可能です．

[*4)] 「0.05 の基準をもっと厳しくして，たとえば 0.005 に変更」しても，無意味な論文はいくらでも作れることを (1.10) 式は示しています．

1.6 ま　と　め

　差を見出すことを目的とする研究で「帰無仮説 $H_0 : \pi = 0.5$ を否定」しても，それは「科学的発見」を意味しません．「帰無仮説の否定」は，「科学的発見」のための，ごくごく控えめな必要条件の確認に過ぎないからです．オリンピックに出場するためにはヒトであることが必要条件です．しかしヒトならだれでも，オリンピックに出場できるわけではありません．ところがこれまでは，必要条件のクリアが学術雑誌掲載の条件だったのです．学術誌は，さながらヒトなら誰でも参加できるオリンピックだったのです．こんなにおかしなことはありません．p 値の高低は (つまり有意か否かは) 分析者が勝手に決めた n に強く依存します．このため，p 値の小ささは学術的価値と連動しません．

　p 値を使って統計的分析をすると有意でも無意味な結果が出ることがあります．確率は日常用語として定着し，本来，具体的で分かりやすい指標のはずです．しかし p 値は，確率なのに抽象的な指標です．このため分析者も査読者も「あれ，おかしいぞ？」と，その無意味さに気がつかず，しばしば見過ごしてしまいます．ベムの「未来の予感」騒動は，その象徴的な事件です．$p < 0.05$ の基準によって機械的に論文の採否を決めたことの弊害です．

　しかし，それはヌード写真を使った予知能力実験などという，そもそもセンセーショナルな研究テーマだったから大問題になったのです．「地味で真面目な研究テーマ」なら，素知らぬ顔をして，何事もなかったように，しれっと公刊されてきたのです．この悪影響はボディーブローのように効いてきて，再現性がない大量の研究が報告されるようになってしまいました．

　一般社会の人々は学術誌に載った研究は 1 つひとつが学問の進歩に寄与すると信じています．しかし「はじめに」に登場した 2015 年の *Science* 論文 [1] では，社会心理学の 25% の研究しか有意性の再現ができていません．これは一流紙のみに掲載された論文での出来事です．それに続く学術雑誌では，この比率はさらに低くなることが予想されます．有意性検定が科学に与えてきた悪影響は計り知れないと言えるでしょう．なぜこんなに低いのかの謎は第 4 章で解き明かされます．

　では一流紙に掲載された 4 本に 1 本の論文は有益なのでしょうか？　いいえ違います．有意性検定の観点から再現性が確認されたということは，必要条件をクリアした可能性が高い論文が 25% だということにしか過ぎません．その 25% の

論文は，さらに，(a) 統計的に有意で，科学的にも意義のある論文と，(b) 統計的に有意でも，科学的には無意味な論文とに分類されます．25% は一流選手と，単なるヒトから構成されるということです．その構成比 $(a : b =$ 選手：ヒト$)$ は，どの程度でしょうか？　この問題を第 2 章で詳しく考察します．

コラム　アメリカ統計学会の声明

　アメリカ統計学会 (American Statistical Association, ASA) が 2016 年に「統計的有意性と p 値に関する声明」を発表しました．以下は，ASA の許可を得て日本計量生物学会が 2017 年に公開した日本語訳の第 2 章と第 3 章部分です．

統計的有意性と P 値に関する ASA 声明

2. P 値とは？
おおざっぱにいうと，P 値とは特定の統計モデルのもとで，データの統計的要約 (たとえば，2 グループ比較での標本平均の差) が観察された値と等しいか，それよりも極端な値をとる確率である．

3. 原則
1) P 値はデータと特定の統計モデル (訳注: 仮説も統計モデルの要素のひとつ) が矛盾する程度をしめす指標のひとつである．
2) P 値は，調べている仮説が正しい確率や，データが偶然のみでえられた確率を測るものではない．
3) 科学的な結論や，ビジネス，政策における決定は，P 値がある値 (訳注: 有意水準) を超えたかどうかにのみ基づくべきではない．
4) 適正な推測のためには，すべてを報告する透明性が必要である．
5) P 値や統計的有意性は，効果の大きさや結果の重要性を意味しない．
6) P 値は，それだけでは統計モデルや仮説に関するエビデンスの，よい指標とはならない．

2 神の見えざる手

**有意でも無意味な論文で
学術誌は満載される**

2.1 ダイエット法に効果はあるか—統計学用語速習—

本節ではまず統計学の基本的な概念を簡単におさらいします. 中学・高校で学習済みの内容も多いと思いますが, 本論に進む前にしっかり思い出してください.

● ● ● ダイエット問題 1 ● ● ●

あるダイエット法の効果を調べるために, 20名の女性に参加してもらいました. プログラム参加前体重と, 参加後体重と, 前後の体重差を表2.1に示します. さて, このダイエット法は有効でしょうか.

表 2.1 ダイエット参加前と参加後の体重の差 (kg)

被験者番号	1	2	3	4	5	6	7	8	9	10
before 体重	53.1	51.5	45.5	55.5	49.6	50.1	59.2	54.7	53.0	48.6
after 体重	48.3	45.2	46.6	56.6	41.2	44.6	51.9	55.5	45.4	47.6
体重差	4.8	6.3	−1.1	−1.1	8.4	5.5	7.3	−0.8	7.6	1.0
被験者番号	11	12	13	14	15	16	17	18	19	20
before 体重	55.3	52.6	51.7	48.6	56.4	42.9	50.3	42.4	51.2	39.1
after 体重	50.6	54.5	49.0	43.9	53.8	40.1	52.8	35.3	55.6	38.0
体重差	4.7	−1.9	2.7	4.7	2.6	2.8	−2.5	7.1	−4.4	1.1

統計学では, 客観的な測定を重視します. 測定とは, 回答者や事物などの**観測対象**に, 定められた操作に基づいて, 数値を割り当てることです. 測定によって割り当てられた数値を, **測定値**といいます. 測定値の集まりを, **データ**といいます. 観測対象の性質を表現する1つの側面に関する測定値の集まりを**変数**といいます. 表2.1には, 「before 体重」「after 体重」「体重差」という3つの変数があります.

第 i 番目の観測対象 (女性) の「before 体重」と「after 体重」と「体重差」を，それぞれ x_{bi}，x_{ai}，$x_{差\,i}$ と表記すると，3 つの変数の間には

$$x_{差\,i} = x_{bi} - x_{ai}, \quad (i = 1, \cdots, n) \tag{2.1}$$

という関係があります．たとえば $i = 1$ の場合には，$4.8\ \mathrm{kg} = 53.1\ \mathrm{kg} - 48.3\ \mathrm{kg}$ です．小さな文字は添え字といい，ここで i は観測対象を区別する添え字です．観測対象が人の場合には，i は被験者番号と呼ばれることもあります．

観測対象の数を n と表記します．この場合は $n = 20$ です．$(i = 1, \cdots, n)$ は，添え字 i が，1 から 20 まで動くことを示しています．小さな文字の「差，b，a」は変数を区別するための添え字です．

3 つの変数を同時に扱うと大変なので，ここでは当分の間，「体重差」$x_{差\,i}$ を中心にして，初等的な統計分析の方法を説明します．データの分析は，1 つ 1 つの測定値をていねいに観察することから始めます．「体重差」を目視で観察すると，負の値が 6 つ観察されます．20 人中 6 人は，ダイエットプログラム後に，逆に太ってしまったことが分かります．

データを目で観察することは，大切です．しかし，目視には限界がありますから，続いて**変数の分布**を調べます．分布とは，第 1 章でも述べたように，どのあたりに，どれくらいデータが観察されているか，のようすです．

2.1.1 ヒストグラム

データには，2 種類あります．「予知能力実験」の成功数のように，離散的で，数を数えるデータを**計数データ**といいます．「体重差」のような，連続量を測定したデータを**計量データ**といいます．計量データの分布を調べるためには，図 2.1 のようなヒストグラムを作成することが効果的です．

ヒストグラムは，横軸に階級，縦軸に度数を配した統計グラフです．ここで**階級**とは測定値の区間，**度数**は階級に観測された測定値の数です．たとえば一番左の柱は，$-5\ \mathrm{kg}$ 以上 $-3\ \mathrm{kg}$ 未満の区間に観測された測定値が 1 つある，ことを示しています．区間の長さを**階級幅**といいます．図 2.1 の階級幅は 2 kg です．階級の真ん中の値を**階級値**といいます．一番左の階級 (柱) の階級値は $-4\ \mathrm{kg}$ です．

統計グラフによって，データの性質を分かりやすく表現することを，**図的要約**といいます．

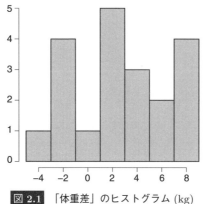

図 2.1 「体重差」のヒストグラム (kg)

2.1.2 数 値 要 約

図的要約は，ひと目でデータの状態が分かり，便利です．しかし手軽さに欠けます．そこで，データの特徴を要約的に記述するための，数的な指標を利用します．第 1 章で学んだように，データを独立変数とみたときの，関数 (1.3) 式を統計量といいました．統計量の中で有意性検定に利用するものを，とくに**検定統計量**といいましたね．

ここでは，別の統計量を学びます．データの性質を縮約するための統計量です．それを，**要約統計量**といいます．また，要約統計量でデータの特徴を要約することを，**数値要約**といいます．数値要約は，図的要約と対になる用語です．

2.1.3 代 表 値

初等的な要約統計量には，代表値と散布度とがあります．分布の位置を記述する要約統計量を，**代表値**といいます．データ全体の特徴を，1 つの数値で表す場合には，代表値を利用します．具体的な代表値には，平均値・中央値・最頻値があります．

もっとも頻繁に利用される代表値が，平均値です．平均値は，すべての測定値の合計を，n で割って

$$\bar{x} = \frac{1}{n}(x_1 + x_2 + \cdots + x_i + \cdots + x_{n-1} + x_n) \tag{2.2}$$

と求めます[*1]．ここで x_i は，i 番目の測定値です．

[*1] $\bar{x}$ は，エックス/バー，と読みます．

データから計算されたことを，強調したい場合には，$\bar{x}$ を**標本平均**と呼びます．「体重差」の標本平均は，$\bar{x}_差 = 2.74$ kg でした．平均値は，分布の中心的位置に関する目安です．また $\bar{x}_b = 50.56$ kg，$\bar{x}_a = 47.83$ kg でした．

データを小さい順に並べることを，**ソート**といいます．たとえば，「体重差」のソートされたデータは以下です．

$$-4.4, \quad -2.5, \quad -1.9, \quad -1.1, \quad -1.1, \quad -0.8, \quad 1.0, \quad 1.1, \quad 2.6, \quad 2.7,$$
$$2.8, \quad 4.7, \quad 4.7, \quad 4.8, \quad 5.5, \quad 6.3, \quad 7.1, \quad 7.3, \quad 7.6, \quad 8.4$$

この分布から測定値を 1 つ取り出すという試行を考えます．この試行で，x 以下の値が観察される確率が $\ddot{a}$ であるとき，x の**累積確率**は $\ddot{a}$ であるといいます．あるいは x は $\ddot{a} \times \mathbf{100\%}$点といいます．たとえば -4.4 は一番小さい値なので，-4.4 以下の測定値が観測される確率は -4.4 が観測される確率と一致します．$n = 20$ ですから，この確率は $1 \div 20 = 0.05$ です．よって -4.4 の累積確率は 0.05 であり，5%点であるといいます．同じように -2.5 の下からの累積確率は 0.1 です．下側 10%点である，と「下」を補って丁寧に言うこともできます．

代表値の 2 番目にあげた**中央値**は，ソートしたデータの真ん中の測定値です．n が奇数の場合は，$(n+1)/2$ 番目の測定値が中央値です．たとえば $n = 19$ の場合は，データを小さい順に並べたときの，10 番目の測定値が中央値です．n が偶数の場合は，$n/2$ 番目と $(n/2)+1$ 番目の測定値の平均が，中央値です．「体重差」のデータは，$n = 20$ でしたね．したがって「体重差」の中央値は，10 番目と 11 番目の測定値の平均値，2.75 kg $(= (2.7+2.8)/2)$ となります．

代表値の 3 番目に挙げた**最頻値**は，最大度数を有する階級値です．図 2.1 を観察すると，階級幅 2 kg の場合は，1.0 kg 以上 3.0 kg 未満の区間の度数が 5 で最大です．したがって最頻値は 2.0 kg です．

2.1.4 散 布 度

分布の中心的な位置から，平均的に，どれほど測定値が散らばっているか，に関する要約統計量を，**散布度**といいます．散布度の要約統計量としては，分散と標準偏差がよく使われます．測定値 x_i から平均値 $\bar{x}$ を引いて，それを 2 乗した値の和を $n-1$ で割った統計量

$$s^2 = \frac{1}{n-1}((x_1 - \bar{x})^2 + \cdots + (x_i - \bar{x})^2 + \cdots + (x_n - \bar{x})^2) \qquad (2.3)$$

を**分散**といいます．データから計算したことを強調したい場合には**不偏分散**とい

います. 「体重差」の不偏分散は, $s^2_{差} = 14.50$ です.

ただし分散の単位は, 測定値の2乗です. このため, 平均的な散布度として, 分散の値は, 具体的に解釈できません. この欠点を補うために,

$$s = \sqrt{s^2}$$

のように分散の平方根をとり, 元の測定単位に戻します.

これを**標準偏差** (standard deviation) といいます. 標準偏差は sd と略記することもあります. 標準偏差が大きい (小さい) ならば, 平均的に平均値から離れた (近づいた) 測定値が観察されます. 「体重差」の標準偏差は, $s_{差} = 3.81$ kg でした. これは, 平均的に平均から約 3.8 kg の距離で, 測定値が散らばっている, ということを示しています.

2.2 対応ある2群の平均値差の検定

有意性検定は母比率の検定ばかりではありません. ここでは検定の考え方に慣れるために, 母比率の検定と並んで, 最も頻繁に利用される, 母平均の差の検定を紹介します.

さて最初の問いに, 戻りましょう. 20人の体重減少の平均値が, 2.74 kg である表 2.1 のデータは, 果たしてこのダイエット法の有効性を示しているのでしょうか. いいえ, 必ずしも有効性を示しているとは, 限らないのです. 今回は, たまたま減量の標本平均が 2.74 kg だったけれども, 追試実験をしたら, 今度は負の値になるかもしれません.

学術的に最も重要なことは, 現象の再現性です. 同じ状況下で無数の追試実験を行った, と想定したときの平均的な減量の平均値が, 十分に大きいことが大切です.

上記の平均的な平均値は, 目の前のデータから計算された標本平均 $\bar{x}$ とは異なっています. 区別するために, 平均的な平均値を**母平均** μ (ミュー) と, 別の名前で呼びましょう. 学術的には標本平均 $\bar{x}$ ではなく, 母平均 μ の値に興味があるのです.

ここで登場するのが, **対応ある2群の平均値差の検定**です. 検定名の中の "2群の平均値差" とは, どういう意味でしょうか. これは「before 体重」と「after 体重」という, 2つの群の母平均の差という意味です. また "対応ある" とは, 「**before 体重**」と「**after 体重**」は, 同一人物から測定されている, という意味です.

Step1 では，帰無仮説 H_0 と対立仮説 H_1 を設定します．
帰無仮説を，2 つの群の母平均は等しい，

$$H_0 : \mu_b = \mu_a \quad \text{または} \quad \mu_b - \mu_a = 0 \tag{2.4}$$

と設定します．μ_b は「before 体重」の母平均です．μ_a は「after 体重」の母平均です．ただし 2 つの母平均には $\mu_差 = \mu_b - \mu_a$ という関係があることが，知られています．$\mu_差$ は「体重差」の母平均です．この関係を利用すると，帰無仮説は

$$H_0 : \mu_差 = 0 \tag{2.5}$$

と書き換えることもできます．(2.4) 式，(2.5) 式に登場した 3 つの表現は，どれを用いても同じです．体重減少の母平均は，0 である．言い換えるならば，ダイエット法にはまったく効果がない，という趣旨の仮説です．対立仮説は，その否定ですから，$H_1 : \mu_差 \neq 0$ です．

Step2 では，H_0 を真として検定統計量を計算します．

「未来の予感」では 2 項分布を利用した検定を行い，検定統計量には標本比率を使いました．ここでは正規分布を利用した検定を行います．正規分布は，私たちの身の回りで生じる様々な連続的変数の分布を近似するのに，最も頻繁に利用される確率分布です．平均値の付近で度数が大きく，両側に離れるに従って，度数が小さくなるデータを記述するのに適しています．

変数 x が正規分布に従っている場合には

$$正規分布 (x|\mu, \sigma)$$

と表記します．正規分布は，μ と σ とで形が決まります．ここで μ は母平均，σ は**母標準偏差** [*2] といいます．かっこ中の縦棒 | は，ギブンと読むのでしたね．μ と σ が与えられたという条件の下で，x が正規分布に従っている，という意味です．

一般的に，確率分布の形を決める数的な指標を**母数**といいます．2 項分布の母比率 π や，正規分布の母平均 μ，母標準偏差 σ が母数の例です．

正規分布の形は μ と σ で決まりますから，あらゆる正規分布を $\mu = 0$，$\sigma = 1$ になるように変換しておけば，常に同じ形で比較ができて好都合です．この目的のために x に一次変換

[*2]　σ^2 は母分散といいます．

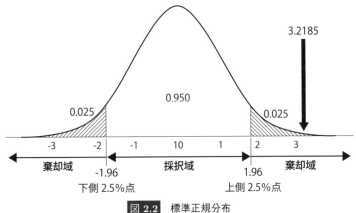

図 2.2 標準正規分布

$$\frac{x - \mu}{\sigma} \tag{2.6}$$

を施します. 変数 x から平均を引いて, 標準偏差で割ってやります. このような変換を標準化といいます. 標準化された値は

$$正規分布 (\quad |\mu = 0, \sigma = 1) \tag{2.7}$$

に従うことが知られています. 母平均 $\mu = 0$, 母標準偏差 $\sigma = 1$ の正規分布を標準正規分布といいます. 標準正規分布を, 図 2.2 に示します.

(2.1) 式の「体重差」が, 通常の (標準化されていない) 正規分布

$$正規分布 (x_{差\,i}|\mu_差, \sigma_差) \tag{2.8}$$

に従っているとします. ただし $\mu_差$ と $\sigma_差$ は, それぞれ $x_{差\,i}$ の母平均と母標準偏差です. いま, 帰無仮説 (2.5) 式が真であると仮定して, 試行数 n の追試実験を無数に繰り返すことを想像します. さらにその実験ごとに, ある統計量 [*3)]

$$z = \frac{\bar{x}_b - \bar{x}_a}{s_差} \times \sqrt{n} = \frac{\bar{x}_差}{s_差} \times \sqrt{n} \tag{2.9}$$

を毎回計算し, 記録したと想像してください. ここで $s_差$ は, 不偏分散の平方根による $x_{差\,i}$ の標準偏差です. $s_差$ を差得点の標準偏差と呼びましょう.

　本当は, 実験は 1 回しか実施していないのですから, あくまでも想像です. 統計量の, この想像上の分布を標本分布というのでしたね. このとき z の標本分布

[*3)] $\bar{x}_b - \bar{x}_a = \bar{x}_差$ です.

は，標準正規分布で近似できる [*4] ことが知られています．[*5] このため z は，帰無仮説 (2.5) 式に関する検定統計量として利用できます．

Step3 では標本分布から p 値を計算します．

検定統計量を定めたら，その確率的な評価をするのでした．そのときに計算されるのが p 値でした．**p 値**とは「帰無仮説が真であるという仮定の下で，検定統計量がデータから計算された値以上に甚だしい値となる確率」でしたね．

計量データの確率分布は，正規分布に限らず，グラフの曲線と横軸で囲まれる領域の面積が 1 になります．ある区間を区切った場合には，曲線と横軸で囲まれた面積が，その区間で値が観察される確率に一致します．

図 2.2 を見てください．標準正規分布における 1.96 を上側 2.5%点といいます．1.96 以上の値が観察される確率は 0.025 です．下からの累積確率は 0.975 です．-1.96 を下側 2.5%点といいます．-1.96 以下の値が観察される確率も 0.025 です．合わせて 5%です．このことを，絶対値を使って表現すると，

$$p(1.96 \leq |z|) = 0.05$$

となります．図 2.2 の上側と下側の斜線部に相当する値が観察される確率は 5%です．よってこの領域が 5%水準の検定の棄却域となります．

ダイエットの実験の検定統計量は

$$z = \frac{50.57 - 47.83}{3.81} \times \sqrt{20} = \frac{2.74}{3.81} \times \sqrt{20} = 3.2185 \tag{2.10}$$

となりました．図 2.2 にも示したとおり，3.2185 は棄却域の中の値です．3.2185 は，上側 2.5%点 1.96 より，ずっと右側の値です．検定統計量 z の絶対値が，3.2185 より大きくなる確率が p 値でした．ゆえに $p < 0.05$ です．

Step4 では帰無仮説 H_0 を棄却または採択します．

有意性検定では，p 値が小さくて起きにくい事実が観察されたら，帰無仮説が真であるという仮定が正しくて，かつ起きにくい値が観察されたのではなく，そもそも「帰無仮説は偽」であったのだろうと判断するのでした．これを帰無仮説

[*4]　より正確には，自由度 $df = n - 1$ の t 分布と呼ばれる確率分布に，z は従います．ここで自由度 df は t 分布の形状を定める数的な指標であり，t 分布の母数です．定義式から明らかなように n が大きくなると df も大きくなります．自由度 df が大きくなると t 分布は，標準正規分布に近づきます．$n = 20$ の場合は，標準正規分布によって実用的な近似が得られます．

[*5]　有意性検定を扱うほとんどの統計教育では，検定統計量が「なぜ＊＊＊分布に従うのか」を教えません．「理由は考えずに，とにかく覚えなさい」と教示します．これは学生の瑞々しい知的好奇心に蓋をして「推測統計はどうせ暗記だ」との強いメッセージになってしまいます．その教育的悪影響は第 7 章で論じられます．

の棄却というのでしたね．$p < 0.05$ ですから，帰無仮説 (2.5) 式を棄却し，「体重差」の標本平均 $\bar{x}_{差} = 2.74$ kg は，統計的に有意であると結論します．

2.3　統計的に有意でも科学的に無意味

検定統計量 z は (2.9) 式から分かるように，標準偏差，標本平均，n の 3 つから計算されます．減量問題なので上側だけを考えると，$1.96 < z$ なら統計的に有意になります．それを (2.9) 式に代入して，式変形すると

$$\bar{x}_{差} > \frac{1.96 \times s_{差}}{\sqrt{n}} \tag{2.11}$$

となります．この式が成り立てば，「統計的に有意」です．標本平均 $\bar{x}_{差}$ は，平均的な体重の減少量であり，ダイエット法の有効性を本質的に反映しています．

それに対して，観測対象の数 n は (研究予算の都合はありますが) 実験者が自由に決められます．したがって (ここがとても重要なのですが) n は，ダイエット法の科学的性質や有用性とは，まったく無関係です．

標本標準偏差 s は，ダイエット法の性質の一部を示していますが，ダイエット法の有効性を，直接的には反映していません．そこで標本標準偏差を，データから計算した $s_{差} = 3.81$ に，とりあえず留めてみます．これから述べることの本質を変えずに，式を簡略化するためです．結果は

$$\bar{x}_{差} > \frac{1.96 \times 3.81}{\sqrt{n}} = f(n) \tag{2.12}$$

となります．

この式は，平均的な体重の減少量が何 kg 以上なら，言い換えるなら標本平均 $\bar{x}_{差}$ が何 kg 以上なら，「有意であった」のかを示しています．その意味で，研究の公刊の有無を左右する，重要な式といえます．

この式は観測対象の数 n の関数です．n を動かしてみると

$$\bar{x}_{差} > 1.670 = f(n = 20)$$
$$\bar{x}_{差} > 1.056 = f(n = 50)$$
$$\bar{x}_{差} > 0.747 = f(n = 100)$$
$$\bar{x}_{差} > 0.236 = f(n = 1000)$$
$$\bar{x}_{差} > 0.106 = f(n = 5000)$$
$$\bar{x}_{差} > 0.024 = f(n = 100000)$$

となりました. 第1式は $n = 20$ の場合ですから, 実験状況そのものです. 平均的な体重の減少量が 1670 g 以上であれば, この実験は「統計的に有意」であったことを示しています.

被験者を 100 人に増やすと, どうなるでしょう. 平均的な体重の減少量が 747 g 以上であれば, 「このダイエット法は有意だ」と論文に書けます. $n = 10$ 万ならば, $\bar{x}_差$ は 24 g 以上で, りっぱに「統計的に有意」です. しかし, 24 g のダイエット法など, 科学的にはまったく無意味です.

観測対象の数 n の増加に伴って, 論文受理に必要とされる平均的体重減少は, いくらでも 0 g に近づきます. いくらでも, です. ダイエット法の科学的性質とはまったく無関係な, 実験者が自由に決めることができる観測対象の数 n が, 論文が受理される要求水準を本質的に決めています. ベムのデータによる比率の検定とまったく同じことが起きてしまいました.

逆に n が小さい場合はどうでしょうか. たとえば $n = 5$ とすると

$$\bar{x}_差 > 3.34 = f(n = 5)$$

となり, 仮に平均的に 3.3 kg 痩せても有意にはなりません.

2.4 帰無仮説は科学的には偽

帰無仮説と対立仮説は, それぞれ

$$\mu_差 = 0, \qquad \mu_差 \neq 0$$

でしたね. 帰無仮説は点, その数学的な 1 点を除いて対立仮説は数直線です.

「帰無仮説が真」であることを数学的に仮定することは自由ですが, 科学的には成り立ちません. 解析学という数学の言葉では, 帰無仮説は対立仮説にほとんど至るところ (a.e.) [*6)] で被覆される, といいます. 数学的に a.e. で被覆されるということは, 科学的には含まれているということです. たとえ $\mu_差 = 1$ pg (ピコグラム, 1 兆分の 1 g) でも, 対立仮説が真, 帰無仮説は偽です. コインの表を出そうと決心して投げ方を練習すれば, 0.3% くらいは余計に表を出せます. 息を吐いただけで, 体重は減ります. 小数点以下の測定の精度を上げれば, 帰無仮説は科学的には偽です. データをとる前から, 帰無仮説は厳密には偽です.

「学術的にまったく無意味でも, 対立仮説が真であれば, 観測対象の数 n が大

[*6)] almost everywhere

きくなると必ず棄却される」という性質は，査読の判定に利用されているほとん
どの有意性検定に，共通した性質なのです．こんなおかしなことはありません．

　このような弊害を克服するためには，学術的価値に統計分析の指標を連動させ
ることが必要です．本質的に重要なことは，ダイエット法として実用的に意味が
あるほどに，体重が十分に減少している事実を確認することです．言い換えるな
らば，母平均 $\mu_{差}$ の値が十分に大きいこと，それ自体を積極的に確認できる方法
論が必要なのです．

2.5　医師国家試験に出題された p 値

　ここまでが検定の入門的しくみです．理解できましたか．

　とても難しいのですが，何度も読み返しましたので，ここまでは理解でき
　ていると思います．

　では，理解度を試す問題をだしますね．図 2.3 の問題の正しい選択肢を，1
　つ選んでください．

43　新しく発売された抗菌薬 A の肺炎に対する治療効果を調べるために、新た
に入院する肺炎患者を対象として、抗菌薬 A を投与した群 (A 群) と既存の抗
菌薬 B を投与した群 (B 群) とに割り付けて、治療効果を入院期間で比較検討し
た。得られた結果を表に示す。

	A 群	B 群	P 値
対象者数	198 人	201 人	
入院期間 (平均)	8.1 日	9.6 日	0.036

この結果の解釈について正しいのはどれか。
a　A 群は B 群に比べて入院期間が平均で 3.6%短い。
b　A 群の入院期間の平均値の誤差は 3.6%以内である。
c　A 群の方が B 群よりも入院期間が短くなる確率は 3.6%である。
d　A 群の 96.4%の患者は入院期間が B 群の平均入院期間よりも短い。
e　A 群と B 群とで入院期間に差がないのに、誤って差があるとする確率は
　　3.6%である。

図 2.3　医師国家試験 105 回 (平成 23 年) B 問題 43
平成 23 年 2 月 12 日 (土) 13:15–15:00 に実施．全 62 問．

この問題は，医師国家試験で実際に出題された問題なのですね．お医者さんの試験に有意性検定の問題ですか．

そうです．統計学は，様々な学問分野で応用されますからね．医師にも，統計学の知識が必要なのです．医学生になったつもりで，チャレンジしてください．

はい！　頑張ります．うーん　うーーーん．
　　　　・・・
　　　　・・・・・・
分かりません．私はこの問題を解けません．

いや，りっぱです．正答選択肢は e と発表されていますが，それは正答ではありません．この問題には正答選択肢がありませんから，解けません．

選択肢 e を読んだとき「帰無仮説が真であるときに，誤って差があるとする確率は有意水準である」と思いました．それは p 値3.6%ではありませんね．

そのとおりです．

医師国家試験にも出題ミスがあるのですね．

試験は人間が作るものだから，出題ミスが生じること自体は，ある意味仕方ないことです．ここで重視したいことは，この出題はミスではなかった可能性です．

　統計学会の重鎮が著した文献 [7] には，この誤出題の事件に関して，次のように書かれています．

　　『筆者は，医学界，および久留米大学医学部の数人の重鎮と目される医師に誤出題であることを説明したが，理解してもらえずに愕然とした．解答肢 e が正解でないことを理解するには統計的基礎知識を必要とするが，彼らはその知識を持ち合わせていなかったからである．』

出題のミスではなかったのかもしれませんね．p 値の意味を理解せずに，論文を書いているお医者さんがいるのでしょうか．なんだか怖いですね．

それは人によりけりでしょう．でも「帰無仮説 H_0: p 値は理解しやすい概念である」が真で，かつ医学部の重鎮が理解できないと考えるのには無理があります．

起きにくい事実が観察されたら，帰無仮説が真であるという仮定が正しくて，かつ起きにくい値が観察されたのではなく，そもそも「帰無仮説は偽」であったのだろうと判断するのでしたね．帰無仮説を棄却し「p 値は理解しにくい概念である」を採択するのですね (笑).

2.6 p 値は確率なのに抽象的

私は 30 年間ほど，心理学関係の学生さんに，有意性検定を教えてきました．そして p 値を理解してもらうことに，もうほとんど絶望しています．

最近の学生は不真面目で，なっちょらんと …

いえ，学生さんは優秀でした．原因は，p 値の概念が抽象的で，分かりづらいことにあります．教えた直後は理解できても，数年たつと，多くの学生は誤解します．平均値の差の検定を例に，典型的な p 値への誤解を図 2.4 にまとめました.

■ p 値に対する間違った理解の典型例

1) 帰無仮説が真である確率が p 値である．母平均値に差がないという仮説が正しい確率が p 値である.

2) 対立仮説が真である確率が $1-p$ 値である．母平均値に差があるという仮説が正しい確率が $1-p$ 値である.

3) 帰無仮説が真であるときに，この実験データが観察される確率が p 値である．母平均値に差がないという仮説が正しいときに，この実験データが観察される確率が p 値である.

4) 帰無仮説が真であるときに，誤って H_0 を捨ててしまう確率が p 値である．母平均値に差がないという仮説が正しいときに，誤って母平均値に差があると判断してしまう確率が p 値である.

5) 標本平均の差が観察された値と等しいか，それよりも極端な値をとる確率が p 値である.

6) 意味は忘れた．とにかく 5% を切ったら嬉しい確率が p 値である.

図 2.4 p 値への典型的な誤解

1番目と2番目が, 異なった種類の誤解であることを理解してもらうのも大変です. 誤解すら誤解されます.

4番目が, 先ほどの医師国家試験問題の誤解ですね. でも先生. 5番目は p 値の説明として正しいように思います.「統計的有意性とP値に関するASA声明」[7] の中の p 値の説明に, まったく同じ文章がありました.

まったく同じ文章があること [8] は事実ですが, p 値の説明としては誤っています.

どうしてですか? ASA声明の解説が誤りだとでもいうのですか?

検定統計量 (2.9) 式を見てください. $\bar{x}_\text{差}$ は「before 体重」と「after 体重」の差の標本平均です. 2.74 kg でした.

先ほどは話を分かりやすくするために, $s_\text{差}$ を 3.81 kg に留めました. しかし実際には, 何度も何度も追試実験を繰り返すことを, 想像するのですから, $s_\text{差}$ も変化します. $s_\text{差}$ にも標本分布を想像できるということです.

そのうちの1組が, たとえば $\bar{x}_\text{差} = 2.8$ kg, $s_\text{差} = 4.0$ kg だったとします. 検定統計量は

$$z = (2.8/4.0) \times \sqrt{20} = 3.130495 < 3.2185 \tag{2.13}$$

となり, (2.10) 式より小さくなります.

仮に想像上の追試の標本平均差が, この実験データより大きくても (2.74 kg<2.8 kg), $s_\text{差}$ も大きい場合 (3.81 kg<4.0 kg) には, 実験データから実際に計算された値より z 値は小さくなる可能性があります. だから p 値は「標本平均の差が観察された値と等しいか, それよりも極端な値をとる確率」ではないのです.

p 値は, 統計学が専門の ASA の編集委員ですら, 上手に説明できない概念なのですね. どうりで医師や, まして学生が, なるほど誤解するわけです.

ところで, 先生! 今, ふと思ったのですが. 図 2.3 の誤答選択肢 a や c や d のような知見は, とても重要ですよね. 有意か否かより, 医学的に (実

---

[7] 第1章コラム参照.

[8] 原文は以下です. Informally, a p-value is the probability under a specified statistical model that a statistical summary of the data (e.g., the sample mean difference between two compared groups) would be equal to or more extreme than its observed value. 日本計量生物学会の翻訳は正確です.

質科学的に) むしろ役に立つのではありませんか.

🧑 本質的なことに気が付きましたね. 新しい治療法によって「入院期間が平均的に何%短くなるか」「何%の患者の入院期間が, 従来より短くなるか」「従来法の入院平均日数は, 新治療法の入院期間の分布のどのあたりか」, これらの推定値は, どのくらいの幅で信用できるかという問いは, 医学的に本質的に重要です.

それらは, 有意性検定が与えてくれる情報より, 医師にとっては明らかに有用です. 誤答選択肢 a や c や d は, 図らずも医学が本当に必要としている情報 [*9] を表しています. この誤答選択肢は, 無意識に発せられた, 統計学に対する, 出題者の医師の切なる願いだったのです. いや, きっとそうです.

2.7 神の見えざる手

検定による有意差と, 学術的に意味のある差には, ズレがあります. 比率の二項検定の帰無仮説は

$$\pi = 0.5 \tag{2.14}$$

でした. 対応ある 2 群の平均差の検定の帰無仮説は

$$\mu_b = \mu_a \tag{2.15}$$

でした. これらを棄却することによって, 統計的な有意差を示し, 論文は学術雑誌に掲載されてきました.

しかし実質科学では, 53%の「予知能力」は言うに及ばず, 新ダイエット法の提案において, 数か月間頑張って 24 g の減量の有意差を示しても意味がありません. 実質科学で求められている研究仮説は, たとえば先の 2 つの例では

$$\pi - 0.5 > c \qquad \text{または} \qquad \mu_b - \mu_a > c \tag{2.16}$$

です. 現実に役に立つ差は (統計学的には決定できない) 基準点 c より, 左辺が大きい場合です.

(2.16) 式左辺が 0 より大きく c 以下の場合は, 実質科学的には無意味だけれども, 有意性検定の観点からは対立仮説が真 (帰無仮説が偽) という状態です.

[*9] 選択肢 a は比の分布に関する仮説が正しい確率, 選択肢 c は閾上率に関する仮説が正しい確率, 選択肢 d は非重複度に関する仮説が正しい確率を求めることによって, 実際に分析することが可能です. 本書では第 7 章で扱います. 詳細に興味のある読者は文献 [8] をご参照ください.

　ここが有意性検定の手続きと，本来の研究目標とのズレの領域です．では分析者の良心と良識によって，この領域を避ければいいのでしょうか．いいえ，実質的にそれが不可能だから，p 値に対する批判が繰り返されるのです．

　有意性検定の結果が有意であることを根拠に学術論文を公刊し続けると，このズレの領域ばかりに論文が集中し，遠からず統計的に有意でも無意味な論文の比率が増えてしまいます．そのような性質が p 値にはあります．なぜでしょうか．それはアダム・スミスが国富論で論じた神の見えざる手が作用するためです．

2.7.1　利益のみを重視すると価格は適切なレベルに落ち着く

　自由主義経済の国では，商品の質とその価格を，売り手が自由に決めることができます．自分の利益だけを優先して，商品の質と価格を決めてよいとされています．売り手は誰しも高く売りたいのですが，値付けが高すぎては売れません．売れないと自分が損してしまいます．安くすれば，売れる確率は高まります．しかし安すぎては，仮に売れても，儲けが少なくなってしまいます．

　良い商品を用意すれば，売れる確率は高まります．しかし良い商品は仕入れにコストがかかります．仮に売れても，儲けが少なくなってしまいます．商品の質と値段を調整しながら，「売れた」「売れない」「売れた」「売れない」… という無数の試行を繰り返すうちに，商品の質と値段は，経済的に適切なレベルに落ち着きます．この仕組みをアダム・スミスは神の見えざる手と呼びました．

2.7.2　有意差のみを重視すると無意味な論文の雑誌中の比率が高く安定する

　有意性検定の結果が有意であることを根拠に，学術論文を公刊し続けると，何が起きるのでしょうか．ここで上述の「売れる」は，有意差による論文公刊のたとえです．商品の「質が良い」とは，(2.16) 式成立のたとえです．「値段の安さ」は，n の大きさのたとえです．方向が逆なので注意してください．

　研究者は，n を決めることができます．データが少ないと，有意差は得られにくくなります．論文が公刊されないと，研究が無駄になります．データを膨大に収集すると，無意味な差でも有意差は得られます．

　もし学術的な価値がある ((2.16) 式が成り立つ) 研究ができれば，データが少なくても，有意差は得られます．論文が公刊できます．しかし価値のある研究をすることは，一種の創造的偉業です．データ収集の手間とは，比較にならないくらい高コストです．学術的創造より，データ収集のほうが，明らかに低コストです．

■ 「神の見えざる手」

1) 価格が安いと売れやすい (n が大きいと有意になりやすい). 価格が高いと
   売れにくい (n が小さいと有意になりにくい).
2) 高品質なら売れやすい ((2.16) 式が成立する発見なら, 学問的に価値があ
   るし, もちろん有意にもなりやすい).
3) しかし高品質商品は品薄で仕入れが困難 (しかし価値のある発見は, 創造的
   偉業であり, きわめて高コストで実現が難しい).
4) 価格は売り手が決められる (観測対象の数 n は研究者が決められる).
5) 商人 (研究者) としての生き残りをかけて, 売れた売れない (公刊できた,
   できない) の無数の経験を積む.
6) 神の見えざる手が働く.
7) 低品質の品物が売れる値段に落ち着く (学術的に無意味でも, 有意差が得ら
   れる程度に, その分野の研究の平均的な n が落ち着く).

図 2.5　高品質商品が品薄で仕入れが困難な場合の「神の見えざる手」の働き

　この状況下で, 研究者集団は, 有意差あり・なし (公刊できた・できない) の無
数の試行を経験します. 神の見えざる手が働きます. その過程で無意味な論文で
も, 有意差が得られるレベルにまで, n はジワジワ大きくなっていきます.

　データ収集にも, ある程度コストがかかりますから, n はいつまでも大きくな
るわけではありません. 最終的には, 経験的に有意差が得られる確率の高い領域
で, n の値は落ち着きます. その n が, 当該研究分野での常識的・平均的な観測
対象の数となります. この仕組みを図 2.5 に示しました.

　その証拠に, たとえば文献 [9] は, 平均値差の平均が大きい研究分野の論文は
n が平均的に小さく, 平均値差の平均が小さい研究分野の論文は n が平均的に大
きい傾向があることを示しています.

　研究者であれば誰しも論文を学術誌に掲載したいという切なる願いをもってい
ます. 「有意差を示す」という正当なルールの範囲内の行為ですから, 当然, この
ズレに研究者と論文は悪意なく殺到します. これが, 統計的な有意差のみを重視
すると, 科学的には無意味な論文で学術雑誌が満載される理由です.

2.8　ま　と　め

p 値が 5% を下回れば有意な差があると認められ，その判定が自動的に重視される雑誌は，神の見えざる手によって，学術的には無意味な論文で満載されます．価格と同様に，死活問題の状況下では，神の見えざる手は急速に確実に作用します．これは研究者の倫理や良心の問題ではありません．査読システムの矛盾から生じる自然な帰結です．

p 値は確率なのに，抽象的で学問に根差した解釈ができません．このため「有意である」という結果を機械的に扱ってしまう傾向が生じます．これも神の見えざる手の作用を無意識のうちに促進します．解釈できない抽象的な確率だからこそ，自分は高級な結果を出したのだとの勘違いも併発させます．この弊害を排除するためには，統計学に詳しくない当該分野の研究者・査読者が実感をもてる基準を用い，論文の査読判定をすることが大切です．

たとえば，新しい治療法によって，入院期間が平均的に何% 短くなるでしょう．何% の患者の入院期間が，従来より短くなるでしょう．従来法の平均入院日数は，新治療法の入院期間の分布のどのあたりでしょうか，のような基準で査読を行えば，無意味な論文は学術雑誌に載せられなくなります．研究の成果を直接表現でき，ユーザー (医師) が実感できる指標が必要です．その具体的な方法論を，本書の後半部で導入します．

神の見えざる手により，$(a:b =$ 選手：ヒト$)$ は，残念ながらヒトの比率が高くなる運命のようです．さて，これでミステリーのトリックはすべて解明されたのでしょうか．いいえ．賢明なる読者諸氏は，もうお気づきだと思われますが，逆に，さらに不思議な謎が現れてしまいました．

有意差は有用さの必要条件にしか過ぎません．でも必要条件を満たした統計的に有意な論文は，たとえ科学的に無意味であっても，無意味なりに，統計的に有意である事実は無意味に再現されるはずです．しかし Science 論文 [1] によれば，社会心理学分野の 75% の論文は，再現すらされていません．なぜでしょう．このトリックは神の見えざる手だけでは，うまく説明がつきません．75% の論文は，一流選手でも単なるヒトでもない，未知なる謎の生物なのでしょうか？　ミステリーはいまだ全貌を現していません．

3 前門の虎・後門の狼

n は，根拠を示して
予め定めねばならない

3.1 抗菌薬 A の治療効果

● ● ● 入院期間問題 ● ● ●

新しく開発された抗菌薬 A の治療効果を調べるために，既存の抗菌薬 B との
比較実験を行います．新たに入院した患者を抗菌薬 A を投与した群 (A 群)
と，抗菌薬 B を投与した群 (B 群) とに無作為に割り付けて，治療効果を入
院期間で比較検討しました．得られた結果を表 3.1 に示します．

表 3.1 抗菌薬 A と抗菌薬 B を投与した患者の入院期間の要約統計量

	人数	平均	標準偏差
実験群 (A 群)	24 人	8.1 日	2.3 日
対照群 (B 群)	26 人	9.6 日	2.3 日

　実験において，効果を調べたい働きかけを**処理**といいます．今回の実験の場合，
処理は抗菌薬 A の投薬です．処理を行った A 群を**実験群**といいます．しかし実
験群だけでは処理の効果を確認することが困難です．そこで処理の効果を比較対
照するために設けた B 群を**対照群** [*1] といいます．
　ただし実験群に頑健な患者ばかりいて，対照群に病弱な患者ばかりがいたので
は，入院期間の比較が意味をもちません．このため実験群と対照群は処理以外の
条件に関して可能な限り同じ条件にします．これを**対照実験**といいます．対照実
験を目指すための 1 つの方策として，患者をでたらめに 2 つの群に所属させます．
これを**無作為割り当て**といいます．
　図 3.1 に，実験群と対照群の入院期間のヒストグラムを示しました．実験群の

[*1] 統制群とかコントロール群ともいいます．対照実験はランダム化比較実験ともいいます．

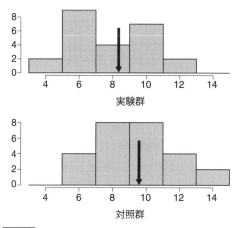

図 3.1 実験群と対照群の入院期間のヒストグラム

ほうが対照群より，全体的に入院期間が短い位置に (左に) 分布しています．矢印の位置が，それぞれの平均的な入院期間である 8.1 日と 9.6 日です．入院期間の標準偏差は，小数第 1 位まで偶然に一致し，2.3 日でした．

平均値から，そしてヒストグラムの形状から，新しく開発された抗菌薬 A を投与したほうが平均的な入院期間が短いと結論してよいのでしょうか．いいえ，必ずしも有効性を示しているとは限りません．今回は，たまたま平均入院期間が 1.5 日間短かったけれども，追試実験をしたら，今度は長くなるかもしれません．重要なことは，同じ状況下で無数の追試実験を行った，と想定したときの入院期間の母平均に十分な差があることです．有意性検定をしてみましょう．

前章で学んだ対応ある 2 群の平均値差の検定と並んで，しばしば使用される有意性検定に，**独立した 2 群の平均値差の検定**があります．ここでは後者を利用します．対応ある 2 群の実験計画では，ダイエット前後で，同一の被験者集団の体重を測定し，それぞれ before 群と after 群と呼んでいました．それに対して表 3.1 では，実験群と対照群に，異なった患者が割り当てられています．ここで"独立した"とは，異なった 2 つの集団から収集された測定値は，群間で互いに無関係という意味です．

3.2 独立した 2 群の平均値差の検定

Step1 では，帰無仮説 H_0 と対立仮説 H_1 を設定します．
帰無仮説を，2 つの群の母平均は等しい，

$$H_0 : \mu_{対照} = \mu_{実験} \qquad \text{または} \qquad \mu_{対照} - \mu_{実験} = 0 \qquad (3.1)$$

と設定します. $\mu_{対照}$ は対照群の母平均です. $\mu_{実験}$ は実験群の母平均です. 抗菌薬 A と B の入院期間の母平均はまったく同じ, という趣旨の仮説です. 対立仮説は, その否定ですから, $H_1 : \mu_{対照} \neq \mu_{実験}$ です.

Step2 では, H_0 を真として検定統計量を計算します.

標準偏差が共通した正規分布から, 実験群のデータが n_1 個, 対照群のデータが n_2 個測定されたとします. 抗菌薬の例では $n_1 = 24, n_2 = 26$ です.

いま, 帰無仮説 (3.1) 式が真であると仮定して, 観測対象数 n_1, n_2 の追試実験を無数に繰り返すことを想像します. さらにその実験ごとに, ある統計量

$$z = \frac{\bar{x}_{対照} - \bar{x}_{実験}}{s_{内}} \times \sqrt{n^*}, \qquad \text{ただし} \qquad (3.2)$$

$$s_{内} = \sqrt{\frac{(n_1 - 1)s_1^2 + (n_2 - 1)s_2^2}{n_1 + n_2 - 2}} \qquad (3.3)$$

$$n^* = \frac{n_1 n_2}{n_1 + n_2} \qquad (3.4)$$

を毎回計算し, 記録したと想像してください. 本当は, 実験は 1 回しか実施していないのですから, あくまでも想像です. ここで $s_{内}$ は, 群内の平均的な散らばりの目安です. 両群の不偏分散を観測対象の数に応じて重みづけして平均を求め, その平方根をとり, 両群に共通した標準偏差を計算しています. $s_{内}$ を群内標準偏差と呼びます. 両群のそれぞれの標準偏差がたまたま 2.3 でしたから, $s_{内} = 2.3$ となりました. n^* は, n_1, n_2 の関数です. 平方根の中身の分子は掛け算, 分母は足し算ですから, n_1 や n_2 が大きくなると, n^* も大きくなります.

想像上のこの分布を, 統計量 z の**標本分布**というのでしたね. このとき z の標本分布は標準正規分布で近似できる [*2] ことが知られています. [*3] このため z は, 帰無仮説 (3.1) 式に関する検定統計量として利用できます.

Step3 では標本分布から p 値を計算します.

[*2]　より正確には, 自由度 $df = n_1 + n_2 - 2$ の t 分布と呼ばれる確率分布に, z は従います. 自由度 df が大きくなると, t 分布は標準正規分布で近似できます. 抗菌薬の例のように $df = 48 \ (24 + 26 - 2)$ の場合は, 標準正規分布によって十分な精度の近似が得られます.

[*3]　有意性検定では他にも, χ^2 乗分布, F 分布に従う検定統計量を扱います. しかし有意性検定の統計教育では, 多くの場合に (3.2) 式のような検定統計量が特定の分布に従う理由は教授されません. このため「検定統計量は暗記するものだ」という学習の構えが, 学生の側に形成されます. この学習の構えは「分析方法を工夫・改良することなど, 自分にはとてもできない」という学習性の無力感につながります. とても残念なことです. この問題は第 7 章で詳しく論じます.

検定統計量を定めたら，その確率的な評価をするのでした．そのときに計算されるのが p 値でした．**p 値**とは「帰無仮説が真であるという仮定の下で，検定統計量がデータから計算された値以上に甚だしい値となる確率」でしたね．

抗菌薬の実験の検定統計量は

$$z = 2.16 \tag{3.5}$$

となりました．標準正規分布では，$p(1.96 < |z|) = 0.05$ でしたから，5%水準で有意 ($p < 0.05$) です．2.16 は棄却域の中の値です．これ以上甚だしい値が観察される確率は，標準正規分布表から

$$p(2.16 < |z|) = 0.031$$

と求まります．したがって p 値 [*4)] は 0.031 です．

Step4 では帰無仮説 H_0 を棄却または採択します．

有意性検定では，p 値が 0.05 より小さくて起きにくい事実が観察されたら，帰無仮説が真であるという仮定が正しくて，かつ起きにくい値が観察されたのではなく，そもそも「帰無仮説は偽」であったのだろうと判断するのでした．$p < 0.05$ ですから，帰無仮説 (3.1) 式を棄却し，入院期間の標本平均の差である 1.5 日間 ($= 9.6 - 8.1$) は，統計的に有意であると結論します．

3.2.1 有意になるために必要な平均入院日数差

ところで入院日数が平均的にどれだけ短縮できれば，統計的に有意になるのでしょう．ここではその目安を考えてみましょう．入院期間を短縮させるための研究ですから上側だけを考えると，$1.96 < z$ なら統計的に有意になります．$s_内$ は，入院期間の性質の一部を示していますが，新薬の有効性を，直接的には反映していません．そこでデータから計算した $s_内 = 2.3$ に，とりあえず留めます．また状況を簡略化するために，実験群と対照群の観測対象の数を同じ n ($= n_1 = n_2$) としましょう．それを (3.2) 式に代入して，式変形すると

$$\bar{x}_{対照} - \bar{x}_{実験} > \frac{1.96 \times 2.3}{\sqrt{n^*}} = f(n) \tag{3.6}$$

となり，n の関数になります．この式が成り立てば，「統計的に有意」です．左辺は入院期間の平均的な短縮日数であり，抗菌薬の有効性を本質的に反映していま

[*4)] 正規分布による近似を使わずに，自由度 48 の t 分布で，正確に計算すると $p = 0.036$ となります．正規分布による近似がとてもよいことが分かります．

す．それに対して，観測対象の数は研究者が決めます．抗菌薬の有用性とは，まったく無関係です．一般的に観測対象の数は，実験の処理の効果とは何の関係もありません．

(3.6) 式は，データの平均的な入院期間が何日短縮されれば「有意である」と論文に書けるのかを示しています．有意か否かが重視される学術雑誌において，研究が公刊されるか否かが左右される重要な式です．その式が，抗菌薬の薬効とはまったく無関係な n の関数で表現されるのは，どう考えても奇妙です．

ためしに n を動かしてみると

$$\bar{x}_{対照} - \bar{x}_{実験} > 4.8\ 時間 = 0.20\ 日 = f(n = 1000)$$
$$\bar{x}_{対照} - \bar{x}_{実験} > 92\ 分 = 0.064\ 日 = f(n = 10000)$$
$$\bar{x}_{対照} - \bar{x}_{実験} > 29\ 分 = 0.020\ 日 = f(n = 100000)$$

となりました．$n = 1000$ 人 の場合は，平均的な入院期間が 4.8 時間短縮されれば，この実験は「統計的に有意」であったと論文に書けます．

ネットワークが発達し，ビッグデータを扱う現代において，$n = 10$ 万人 のデータが扱われることは珍しくありません．その場合は入院期間の平均的な短縮は，たった 29 分で「有意差あり」と判定されます．数学的に帰無仮説は偽でも，医学的には完全に無意味です．しかし「実験群と対照群の平均値差は有意である」とレポートできます．ベムのデータによる比率の検定とまったく同じことが起きてしまいました．n の増加に伴うこのような弊害は，ほとんどの有意性検定に共通した欠陥です．

逆に n が小さい場合はどうでしょうか．たとえば $n = 5$ とすると

$$\bar{x}_{対照} - \bar{x}_{実験} > 2.85\ 日 = f(n = 5)$$

となり，仮に平均的に 2.5 日間，早く退院できても有意にはなりません．2 日と半日早く退院できたら，きっと患者さんはとても嬉しいでしょう．映画をみたり，掃除をしたり，いろいろなことができるでしょう．でも統計的に有意な差ではありません．

3.3　判断に伴う 2 種類の誤り

有意性検定では，帰無仮説を真と仮定し，めったに起きないことが仮に起きたら帰無仮説を棄却しました．めったに起きないとされる確率を有意水準といいました．有意水準としては，5%が用いられることが多いのでしたね．しかし「5%で

しか起きない」ということは，言い換えるなら「5%では起きる」ということです．したがって帰無仮説が実は真なのに，間違って棄却してしまうこともあります．ここでは有意水準を，5%ではなく，一般的に α と表記しましょう．有意水準 α の別名を**危険率**ともいいます．α 水準の検定は「確率 α で帰無仮説が真なのに棄却してしまう誤り」の危険を常にもっているということです．そして，この誤りを**第 1 種の誤り**といいます．α は第 1 種の誤りを犯す確率です．検定の結果は，常に正しいというわけではありません．

3.3.1 危険率をもっともっと小さくしない理由

誤りが不可避であるならば，その確率は小さいほうがいいはずです．5%水準の検定より，1%水準の検定のほうが，常に良いのでしょうか．間違った論文が公刊されては困ります．いっそのこと，0.1%とか0.001%とか，もっともっと危険率 α を小さくすべきなのでしょうか．

それは違います．帰無仮説が真なのに棄却してしまう第 1 種の誤りの確率 α を小さくすると，逆に，対立仮説が真なのに棄却してしまう誤りの確率が大きくなってしまうからです．これを**第 2 種の誤り**といいます．第 2 種の誤りを犯す確率を β と表記します．複雑になりましたから，図 3.2 を見てください．

帰無仮説は，採択しても棄却しても誤りを犯す可能性があります．しかも α と β は拮抗する性質があります．観測対象の数を固定した状態では，両方を同時に

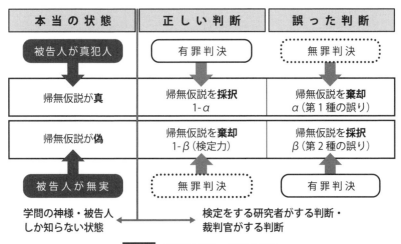

図 3.2 判断に伴う 2 種類の誤り

小さくすることはできません．一方を小さくすると他方が大きくなる性質があります．

どうして一方を小さくすると，他方が大きくなってしまうのでしょうか．この性質を，裁判における有罪か無罪かの判決にたとえて説明します．たとえば帰無仮説を「A さんは真犯人である」としましょう．このとき帰無仮説の採択は「有罪」の判決，帰無仮説の棄却は「無罪」の判決に相当します．

確率 α で生じる誤りとは何でしょうか．第1種の誤りは，帰無仮説が真なのに，それを棄却してしまう誤りでした．「罪を犯したのに無罪と判決する」誤りです．犯人にまんまと逃げられてしまう誤りです．

では確率 β で生じる誤りとは何でしょうか．第2種の誤りは，帰無仮説が偽なのに，それを採択してしまう誤りでした．「罪を犯していないのに有罪と判決する」誤りです．冤罪の誤りです．α と β は，どちらも避けたい誤りの確率です．

捜査資料や証拠によって裁判官は，「A さんが無実である可能性」を吟味します．検定統計量 z が大きいということは，「A さんは真犯人である」という帰無仮説の下では起きにくい事実がたくさん見つかっている状態にたとえられます．

ある裁判官は人権派です．z 値が高ければもちろん帰無仮説を捨てて，無罪の判決を出します．低くても冤罪を避けるために，無罪の判決を出す傾向があるとします．この場合は，真犯人に逃げられる確率 α は高くなるけれども，冤罪の確率 β は低くなります．

別の裁判官は，なかなか無罪判決を出しません．z 値が低いときはもちろん有罪判決です．z 値がとてもとても高い場合だけ，やっと無罪の判決を出します．この場合は真犯人に逃げられる確率 α は低くなるけれども，冤罪の確率 β は高くなります．このように α と β は，両方とも同時に小さくすることは難しいのです．

3.3.2　検　定　力

図3.2の左の列が，本当の状態です．これは学問の神様しか知らない状態です．裁判の例では，被告人しか知らない事実です．2列目3列目が，検定をした人間がする判断です．裁判官の判決です．

検定には2種類の誤りがありました．その確率は α と β でした．両者はトレードオフの関係にありました．しかし $\alpha + \beta = 1$ ではありません．α も β も確率ですが，表の2行目と3行目は，そもそも状況が違いますから，足して1にはなりません．ここはとても間違いやすいところですから，よく考えてくださいね．

図3.2の2行目が，帰無仮説が真の場合です．被告人が真犯人の場合です．誤っ

た判断である第1種の誤りの確率は α です．帰無仮説を棄却した無罪判決ですね．この場合，正しい判断は，帰無仮説を採択した有罪判決です．正しい判断をする確率は β ではなく，$1 - \alpha$ です．

図 3.2 の3行目が，帰無仮説が偽の場合です．被告人が無実の場合です．誤った判断である第2種の誤りの確率は β です．帰無仮説を採択した有罪判決ですね．したがって正しい判断をする確率は $1 - \beta$ です．$1 - \beta$ は**検定力**とか**検出力**といいます．帰無仮説が偽であるときに，正しく帰無仮説を棄却できる確率です．

帰無仮説は $\mu_{実験} = \mu_{対照}$ という限定的状況を表現していますから，α は 5% のように明示的に定めることができます．しかし帰無仮説が偽であるときは，様々な状況が考えられますから，β は明示的に定められません．したがって検定力 $1 - \beta$ も不明です．

3.4 帰無仮説は採用できない

前章では，統計的に有意だからといって，科学的に有意味な差があるとは限らないことを述べました．ここでは有意でない場合の解釈の方法について説明します．

帰無仮説が正しいと仮定して z 値を計算して，その結果が，もし珍しい値ではなかったら，帰無仮説を採択するのでした．しかし帰無仮説を採択した場合には，両群の母平均は等しいと解釈してはいけません．「帰無仮説を採択する」というときの採択は，日常用語の採択とは違います．ここも有意性検定が誤用されやすい大きなポイントです．

「はじめに」で言及し，800 人以上の科学者が賛成の署名をした学術誌 *Nature* の「統計的有意性は引退させよう」(2019) [3] では，

> P 値が 0.05 などのしきい値よりも大きい，あるいは信頼区間にゼロが含まれているからといって，「違いがない」または「関連がない」と結論づけることはできない．

と言明 [5] しています．この間違いはとても多く，かつ深刻です．同文献によると，5 つの有力な学術雑誌に掲載された 791 の論文を調べたところ，51% の論文で誤った解釈をしていたとのことです．一流紙に論文を載せるプロの研究者です

---

[5] 原文は以下です．we should never conclude there is 'no difference' or 'no association' just because a P value is larger than a threshold such as 0.05 or, equivalently, because a confidence interval includes zero.

ら半分以上誤用していました.

なぜ,そんなにも誤用が多いのでしょうか? 研究者達は無能なのでしょうか.いいえ違います.実質的に「差がない」「効果がない」ことを示す科学の側からの切実な要請があるからです.たとえば,抗菌薬 A と B を投与する前の,実験群と対照群の病状の分布に差がないことが示せれば,対照実験がより適切に実施されていることを,積極的に示せます.だから,ついつい誤用してしまうのです.その切実な要請に応えるためには,(統計学的にではなく)まず科学的に「差がない」「効果がない」状態を定義し,それを統計学的に確認する必要があります.その具体的な解決方法は,第 5 章以降で解説されます.

3.4.1 有意とは,アリバイが見つかること

実際の裁判は,実は有意性検定 [*6)] を正確には表現していません.前述した裁判の例は,わざと実際の裁判とは違うように設定しています.検定統計量 z が大きいということを,「A さんは真犯人である」という帰無仮説の下では起きにくい事実がたくさん見つかっている状態だけにたとえましたね.裁判官は「A さんが無実である可能性」だけを吟味していたのです.言い換えるならば,有罪の証拠は集めないし,吟味もしないのが,有意性検定なのです.だから有罪の判決はできません.その場合は「無罪の証拠が不十分」で判決は保留になります.そこが本当の裁判とは異なっています.

帰無仮説は「A さんは真犯人である」でした.この場合の z 値すなわち検定統計量は,たとえば何でしょうか.帰無仮説が真であると仮定すると生じにくいような事実ですから,たとえばアリバイが見つかることです.

アリバイは絶対値の大きい検定統計量に相当します.たとえば事件は東京で起きたとします.そして A さんは,同時刻に大阪にいたというアリバイが見つかりました.A さんは東京での事件の真犯人であり,かつ同時刻に大阪にいたと考えるより,帰無仮説を棄却し A さんは真犯人ではないと,無罪の判決をします.

つまり**帰無仮説を棄却する**,というときの棄却という言葉は,第 1 種の誤りは覚悟の上で,実際に帰無仮説を捨てることを意味します.日常用語の棄却と同じ使い方です.犯人に逃げられる可能性を覚悟して,無罪判決は実際に出すのです.抗菌薬 A を従来品より良いと判断するのです.

[*6)] もう少し正確にいうと,実際の裁判は,π や μ のような連続量の母数を扱う有意性検定を正確には表現していません.

3.4.2 アリバイが見つからなければ態度保留

しかし採択はどうでしょうか. 帰無仮説が真であると仮定しても, 珍しくも何ともない事実が起きたとします. たとえば, アリバイが見つからなかったらどうでしょう. これが z 値の絶対値が小さい状況です. $p > 0.05$ の状況です.

A さんが真犯人であるという帰無仮説の下で, アリバイが見つからないということは, 珍しくも何ともありません. ならば A さんが真犯人であると, 結論付けていいのでしょうか? いいえ, アリバイがあれば無罪にできますが, アリバイがないことだけでは有罪にはできません. あくまでも態度保留です.

帰無仮説を採択するとは, 帰無仮説を積極的に採用し, その知見を利用することではありません. 有意性検定では, 有意にならないからといって, 差がないとは積極的にいえません. ましてや, 母平均が同じなどといってはいけません. 差がないことを前提に議論を進めてはいけません. 差があるというエビデンスは見つからなかった, と解釈/記述します.

3.4.3 帰無仮説はデータをとる前から偽

被告人が真犯人か否かは, 2 値の離散的な状態です. 現実社会における裁判では, 実際に真犯人であることもあります. しかし 2 群の母平均値の差や, 母比率の差は連続的です. 数学的には, 帰無仮説は対立仮説に, ほとんど至るところ (a.e.) で被覆されていましたね. 実数直線の中の数学的な 1 点を指し示すことは, そもそも科学的には無茶でナンセンスなのです. 入院期間の百分の 1 秒差でも, 念力の $\pi = 0.5031$ でも, 1 ピコグラムの減量でも帰無仮説は偽です. データをとる前から偽であることが分かっている帰無仮説の検定は無意味です.

統計的有意差による帰無仮説の棄却は, 科学的有用さのための必要条件にしか過ぎないと, 第 1 章で述べました. その仕組みを, ヒトであることだけを確認して, 記録を見ずにオリンピックに出場させている状態に例えました. その例えには, 少しの誇張もありません. データをとる前から帰無仮説は偽なのですから, 必要条件として緩すぎます. 査読でクリアすべき条件として帰無仮説の棄却は妥当ではありません.

3.5 前門の虎, 後門の狼

実験を計画する際には α と β の両方を考慮する必要があります. でも慣例としては, β ではなくて, 検定力 $1 - \beta$ を考察の対象とします. 検定力は $1 - \beta$ なの

ですから，帰無仮説が偽 (対立仮説が真) であるときに有意差が検出される確率
でしたね．検定が，検定らしく機能する確率です．

　ここで (3.6) 式で n を動かした議論をまとめると

　　　n が大きすぎると，検定力が高くなりすぎて，統計的に有意でも，科学的
　　　に無意味な報告がされてしまう．（狼・後門）

　　　n が小さすぎると，検定力が低くなりすぎて，科学的に意味のある発見で
　　　も，統計的に有意にならずに埋もれてしまう．（虎・前門）

となります．これまでは前者の弊害を強調してきました．しかし後者も深刻です．
検定力の小さな実験は，最初から勝ち目のない戦いを挑んでいるようなものです．
研究資源/活動の無駄です．母集団レベルに学術的に意味のある差が，せっかく存
在しているのに，第 2 種の誤りのために，それを見逃してしまうことは避けたい
ものです．

　前門に虎，後門に狼が待ち構えているから，**有意性検定をするなら，何となく**
n を決めてはいけません．前者にも後者にもならないちょうどよい観測対象の数
を定める必要があり，これがコーエンによる検定力分析 [10] (の事前の分析) です．
第 2 種の誤りを十分に小さくした (検定力を大きくした) 状態で，実質科学的に
意味のある差を，適切な n で検定します．根拠をもって n を予め決めるのです．

3.6　検 定 力 分 析

　有意性検定は 4 つの指標で状態が決まります．第 1 種の誤りの確率 α，観測対
象の数 n，帰無仮説からの乖離の程度，検定力 $1 - \beta$ です．他の 3 つの条件が決
まると，残りの 1 つが決まります．

　他の 2 つの条件が同じであるとすると，検定力と他 3 者には

(1) α を大きくすると検定力も大きくなる．α を小さくすると検定力も小さく
　　なる．

(2) n を大きくすると検定力も大きくなる．n を小さくすると検定力も小さく
　　なる．

(3) 帰無仮説からの乖離の程度が大きければ検定力も大きい．帰無仮説からの
　　乖離の程度が小さければ検定力も小さい．

の関係があります．

　(1) に関しては，$\alpha = 0.05$ に留められることがほとんどなので，あまり工夫の
余地がありません．(2) に関しては，数学的な根拠はありませんが，$1 - \beta = 0.8$

表 3.2 比率の検定の n ($\alpha = 0.05$)

π_1	0.55	0.6	0.65	0.7	0.75	0.8	0.85	0.9	0.95
	0.45	0.4	0.35	0.3	0.25	0.2	0.15	0.1	0.05
$|\pi_0 - \pi_1|$	0.05	0.10	0.15	0.20	0.25	0.30	0.35	0.40	0.45
$1 - \beta = 0.7$	616	153	67	37	23	15	11	8	5
$1 - \beta = 0.8$	783	194	85	47	29	19	14	10	7
$1 - \beta = 0.9$	1048	260	114	63	39	26	18	13	9

を，コーエンは推奨しています．対立仮説が真ならば平均的に 10 回中 8 回は正しく有意差が得られるという目安です．

(3) に関しては，注意深い理解が必要です．帰無仮説からの乖離の程度の真の状態は，研究成果そのものであり，本質的に未知です．未知だから研究するのです．ここでは実質科学的に有意差を検出する価値のある (検出したい) 最小の乖離として利用します．また (2) と (3) の関係を組み合わせると，

(4) 帰無仮説からの乖離の程度が大きければ，n は小さくて済む．

という知見が得られます．

$\alpha = 0.05$ に固定し，以上の議論をまとめると

$$n = f(\text{検定力，帰無仮説からの乖離の程度}) \tag{3.7}$$

となります．2 つの独立変数の関数で，観測対象の数を決められることが分かりました．左辺は連続量として得られるので，小数第 1 位を繰り上げて整数化し，指定した検定力が確保できる最低の n を計算します．

3.6.1 比率の検定の n

「予知能力実験」では，2 値の事象が「まったく偶然に起こる」という状況を「母比率は 0.5 である」という仮説で表現しました．ここで帰無仮説 $H_0 : \pi_0 = 0.5$ の比率の検定の n を定めましょう．虎にも狼にも食べられない適切な n は，どれ程でしょう．この場合，帰無仮説からの乖離の程度は，1 点で表現した対立仮説 $H_1 : \pi_1$ との差の絶対値 $|\pi_0 - \pi_1|$ を利用できることが知られています．

表 3.2 に (3.7) 式によって定めた比率の検定の n を示します．1 行目と 2 行目が，1 点で表現した対立仮説 $H_1 : \pi_1$ です．3 行目が，帰無仮説と対立仮説の差の絶対値です．

4, 5, 6 行目が，それぞれ検定力 0.7, 0.8, 0.9 のときの観測対象の数です．たとえば $\alpha = 0.05$，検定力が 0.8, $\pi_1 = 0.7$ の場合は，$n = 47$ と読みます．

4, 5, 6 行はどの行も，右にいくほど，n が減っています．これは上述 (4) の性質によるものです．またどの列も，下にいくほど，n が増えています．これは上述 (2) の性質によるものです．

3.6.2　独立した2群の平均値差の検定の n

次に，抗菌薬の対照実験で考えた帰無仮説 $H_0 : \mu_{実験} = \mu_{対照}$ (2つの群で平均入院日数に差がない) の独立した2群の平均値差の検定の (虎にも狼にも食べられない) 適切な n を定めましょう．この場合，帰無仮説からの乖離の程度には，(3.2) 式の前半部に相当する母数の関数

$$\delta_{内} = \frac{\mu_{対照} - \mu_{実験}}{\sigma_{内}} \tag{3.8}$$

が利用できることが知られています．ここで $\sigma_{内}$ は，$s_{内}$ の母数です．抗菌薬の例で意味を考えるならば，2薬による平均的な入院期間の差を，群内標準偏差 (条件内の平均的な入院期間の散らばり) で割っています．このため $\delta_{内}$ は，**群内標準偏差で標準化された平均値差** と呼ばれます．$\delta_{内}$ は平均値差は群内標準偏差の何倍かという指標です．(3.8) 式はデータから計算した $(\bar{x}_{対照} - \bar{x}_{実験})/s_{内} = (9.6 - 8.1)/2.3$ ではありませんから，注意してください (このことは表 3.2 の $|\pi_0 - \pi_1|$ にも共通しています)．

標準化された平均値差を用いると，測定単位に依らないある種の2群の乖離を表現できます．平均値差を群内の平均的散らばりという単位で測り直しているからです．2群の標準偏差が実質的に同じと考えられる場合の $\delta_{内}$ のイメージを，図 3.3 に示します．左図が $\delta_{内} = 0.3$，中図が $\delta_{内} = 0.5$，右図が $\delta_{内} = 0.9$ です．$\delta_{内}$ を 10 倍すると，平均値差を偏差値で解釈できます．$\delta_{内} = 0.3$ とは偏差値で 3.0 の差ということです．

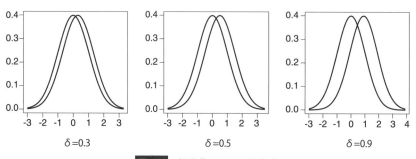

δ=0.3　　　　　　　δ=0.5　　　　　　　δ=0.9

図 3.3　標準化された平均値差

表 3.3　独立した 2 群の平均値差の検定の n $(\alpha = 0.05)$

$\delta_内$	0.1	0.2	0.3	0.4	0.5	0.6	0.7	0.8	0.9	1.0
	−0.1	−0.2	−0.3	−0.4	−0.5	−0.6	−0.7	−0.8	−0.9	−1.0
$1 - \beta = 0.7$	1236	310	139	79	51	36	27	21	17	14
$1 - \beta = 0.8$	1571	394	176	100	64	45	34	26	21	17
$1 - \beta = 0.9$	2103	527	235	133	86	60	44	34	27	23

表 3.3 に (3.7) 式と (3.8) 式によって定めた独立した 2 群の平均値差の検定の n を示します．1 行目 2 行目が，群内標準偏差で標準化された平均値差です．3, 4, 5 行目が，それぞれ検定力 0.7, 0.8, 0.9 のときの観測対象の数です．

たとえば $\alpha = 0.05$，検定力が 0.8，$\delta_内 = 0.5$ の場合は，$n = 64$ です．3,4,5 行はどの行も，右にいくほど，n が減っています．これは上述 (4) の性質によるものです．またどの列も，下にいくほど，n が増えています．これは上述 (2) の性質によるものです．

3.6.3　対応ある 2 群の平均値差の検定の n

最後に，ダイエット問題で考えた帰無仮説 $H_0 : \mu_b = \mu_a$ (ダイエットの前後で平均体重に差がない) の対応ある 2 群の平均値差の検定の適切な n を定めましょう．この場合，帰無仮説からの乖離の程度には，(2.9) 式の前半部に相当する母数の関数

$$\delta_差 = \frac{\mu_b - \mu_a}{\sigma_差} = \frac{\mu_差}{\sigma_差} \tag{3.9}$$

が利用できることが知られています．ここで $\sigma_差$ は，$s_差$ の母数です．ダイエットの例で意味を考えるならば，前後の体重差の平均を，差得点の標準偏差 (体重変化の平均的な散らばり) で割っています．平均的な体重変化は，体重変化の標準偏差の何倍かという指標です．このため $\delta_差$ は，差得点の標準偏差で標準化された平均値差 と呼ばれます．(3.9) 式はデータから計算した $(\bar{x}_b - \bar{x}_a)/s_差 = (50.57 - 47.83)/3.81$ ではありません．

$\delta_差$ のイメージは図 3.3 と同一です．左図が $\delta_差 = 0.3$，中図が $\delta_差 = 0.5$，右図が $\delta_差 = 0.9$ のように δ を $\delta_差$ と読み替えて構いません．

表 3.4 に (3.7) 式と (3.9) 式によって定めた対応ある 2 群の平均値差の検定の n を示します．1 行目 2 行目が，差得点の標準偏差で標準化された平均値差です．3,4,5 行目が，それぞれ検定力 0.7, 0.8, 0.9 のときの観測対象の数です．たとえば $\alpha = 0.05$，検定力が 0.8，$\delta = 0.5$ の場合は，$n = 34$ です．

表 3.4　対応ある 2 群の平均値差の検定の n ($\alpha = 0.05$)

$\delta_{差}$	0.1	0.2	0.3	0.4	0.5	0.6	0.7	0.8	0.9	1.0
	−0.1	−0.2	−0.3	−0.4	−0.5	−0.6	−0.7	−0.8	−0.9	−1.0
$1 - \beta = 0.7$	620	157	71	41	27	20	15	12	10	9
$1 - \beta = 0.8$	787	199	90	52	34	24	19	15	12	10
$1 - \beta = 0.9$	1053	265	119	68	44	32	24	19	16	13

3.7　検定力分析の欠点

有意性検定への批判は，その発展と並行して 1960 年代から始まりました．コーエンは 1988 年に検定力分析の教科書 [10] を著し，有意性検定をするなら，大きすぎず小さすぎない n を，根拠を示して定めることの重要性を説きました．しかしすでに長い歴史を有する検定力分析は，必ずしも根付いていません．なぜでしょうか．研究者はボンクラなのでしょうか？　いえ根付かないことにも理由があるはずです．本節では検定力分析の欠点と限界について学習します．

第 1 に，世の中の多くのデータは，検定力分析を想定して収集されるものではありません．検定力分析で n を固定して，前向きに収集できるデータは，分析が期待されるデータとしてはむしろ特殊です．

web から自動的にデータが収集される，モニター調査でダイエット効果の検証を行うなど，データ収集の仕組みから n を予め決められないケースが少なくありません．世の中のほとんどのデータは，検定力分析に馴染みません．

第 2 に，「科学的に無意味でも n が大きくなると有意になる」という性質は，データ分析の方法論として妥当ではありません．データ分析は，データから情報を得るのですから，n は大きいほうがよいはずです．データが多すぎるなどという現象が起きること自体，そもそも方法論として欠陥を有しているといわざるを得ません．

ベムの「未来の予感」は検定力分析がされていません．もしベムが検定力分析をして，仮に n を事前に決めていたらどうなったでしょう．超能力の存在を示すのですから，常識的な査読者は $\pi = 0.8$ を要求するでしょう．表 3.2 を参照してください．検定力をコーエンが推奨する 0.8 とすると，ベムは $n = 19$ 試行までしか実験できません．$n = 1560$ 試行など，とんでもない話です．

検定力分析には「帰無仮説からの大きな乖離を目標として n を計算すると，小

さな乖離を目標とした場合より，適切な n が小さくなる」という数理的な性質があります．これを日常の言葉で言い換えるならば「志の高い役に立つ研究をするためには n を小さく事前登録する必要がある」ということです．検定力が高いせいではなく，帰無仮説からの乖離が大きいために有意になることが大切なので，有意性検定の観点からは，この性質は正しいのです．しかし n が小さければ標本比率は不安定になります．そもそも p 値自体も不安定になります．要するに検定力分析によって，有意性検定は自分で自分の首を絞めています．役に立つ研究，志の高い研究こそ，研究資源を投入し，データをたくさん収集し，結果を安定させるべきです．検定力分析は，研究者のその自然な動機を許しません．

　第 3 に，検定力分析で利用する帰無仮説からの乖離の指標は，研究の効果量として妥当であるとは限りません．期間 1 か月のダイエット法の開発を例にとり，その理由を説明します．たとえば対応ある 2 群の平均値差を用いた研究で，検定力分析をするためには (3.9) 式を帰無仮説からの乖離の指標として利用しなければなりません．これは，平均的な体重の減少は，体重変化の平均的な散らばりの何倍かという指標でした．では研究を始める前に固定することに意味がある $\delta_{\text{差}}$ は，いくつならこのダイエット法に効果があるといえるでしょう．分析者は $\delta_{\text{差}}$ をどのように定め，事前に n を決めればよいのでしょうか．

　効果のある $\delta_{\text{差}}$ は，固有分野の知見に基づく数値であり，本来ならば統計学的には決まりません．妥当と判断される $\delta_{\text{差}}$ の値は，本当は査読者によって異なります．でもそれでは，事前決定はできないし，研究者も不安です．そこで，たとえば「$\delta_{\text{差}} = 0.3$ で n を定める」と当該学会で申し合わせて決めたとしましょう．そうしないと検定力分析は前に進まないからです．

　データを収集したところ，たまたま参加した被験者集団の差得点の標準偏差が小さく，2 kg だったとします．これは検定力分析の事後にデータを収集して初めて判明する情報です．すると目標ダイエット量は 0.6 kg ($= 2 \times 0.3$) で済んでしまいます．こんなに目標が低くていいのでしょうか？

　逆に，参加した被験者が多様で，差得点の標準偏差が大きく，12 kg だったとします．すると目標ダイエット量は 3.6 kg にもなってしまいます．同じ $\delta_{\text{差}} = 0.3$ なのに，後者のほうが前者より，6 倍も厳しいクリア基準になってしまいました．1 か月に 0.6 kg 痩せるのと，3.6 kg 痩せるのは，ぜんぜん意味が違います．そもそも事前に $\delta_{\text{差}}$ を固定し，事後になって初めて真の研究目標が判明するのは奇妙

です.検定力分析を可能にするように帰無仮説からの乖離の指標 [7] を研究の効果量として選ぶことは,目的と手段とを取り違えています.

　第4の問題点は第3の問題点の発展です.研究の効果を表現する指標 (効果量) は,現実からの要請を優先し,もっと自由に選べるようにすべきです.たとえば生活習慣病予防の観点からは「1か月に2kg以上減量できる確率が95%」のように,減量の絶対量をダイエット法の開発目標にしなければなりません.集団内における相対的な効果の指標である $\delta_{\not{\equiv}}$ は,その意味で生活習慣病予防の目的に直結しません.しかし検定力分析を行うためには,あくまでも $\delta_{\not{\equiv}}$ を選ばなくてはいけません.こんな不自由な方法は,本音では誰も使いたくありません.

　さらに,様々な体形の参加者がまじった状況では,減量の絶対量すら,研究目標として意味を持たないかもしれません.100 kg の人が3kg痩せるのと,40 kg の人が3kg痩せるのとでは意味が違うからです.この場合は「1か月に肥満度 BMI (Body Mass Index) を 1.0 以上さげる確率が95%」のように,身長と体重を両にらみしたダイエット法の開発を目標にしなければなりません.現実からの要請による自由な研究目標を,必ずしも適切に反映できない検定力分析は,その意味で不便です.この問題は第7章で解決します.

3.8　ま　と　め

　有意性検定では,帰無仮説を積極的に支持することができません.たとえば検定結果が有意でなくても,2群の母平均値が等しいことを主張できません.しかし,プロの研究者ですら,しばしば誤った解釈をしてしまいます.それは実質的に「差がない」「効果がない」ことを示す科学の側からの切実な要請があるからです.たとえば,抗菌薬AとBを投与する前の,実験群と対照群の病状の分布に差がないことが示せれば,対照実験がより適切に実施されていることを,積極的に示せます.それをしたいがために,ついついプロの研究者でさえも誤用してしまうのです.困ったことです.母平均に関して,**2群が実質的に等しいことを積極的に示せる方法論が必要です**.それは本書の後半部で導入します.

　有意性検定の観測対象の数は,多くても少なくてもダメです.n が大きすぎると,検定力が高くなり,統計的に有意でも,科学的に無意味な報告がされてしまいます.逆に,n が小さすぎると,検定力が低くなりすぎて,科学的に意味のあ

---

[7]　言い換えるならば,検定力分析が要求している「帰無仮説からの乖離の指標」は,必ずしも研究の適切な効果量であるとは限らない,ということです.

る発見でも，統計的に有意にならずに埋もれてしまいます．根拠なく n を決めて
はいけません．たまたま調査を引き受けてくれた学級が 40 人だったから．心理
学基礎実験演習で，100 人の新入生全員に実験を体験させたいから．順番待ちで
やっと 3 日間予約できた実験室で，めいっぱい被験者を集めたら 53 人だったか
ら．などは，どれも有意性検定の実行の際の観測対象数 n を正当化する理由には
なりません．虎にも狼にも食べられないことを保証していないからです．

　心理学の論文を執筆する際に最も利用される文献に，APA 論文作成マニュア
ル [11] があります．アメリカ心理学会が編集している APA 論文作成マニュアル
は，心理学ばかりでなく多くの科学分野で，論文執筆のルールブックとして参考
にされています．このマニュアルには，論文の「方法」の章に含むべき内容とし
て「意図したサンプルサイズ $*8)$ の決定方法を記しなさい (例：検定力分析，精
度)」$*9)$ と明記されています．しかし「検定力分析をしなさい」と明記されてい
るのにも係わらず，多くの研究者は，心理学者ですら，それを守らずに論文やレ
ポートを書いてしまいます．神の見えざる手に任せっぱなしです．あるいは適当
に n を決めています．不誠実です．これでは研究の再現性など夢のかなたです．

　もし有意性検定をするならば，前者にも後者にもならない (虎にも狼にも食べ
られない)，適切な観測対象の数を，検定力分析を用いて定める必要があります．
コーエンは彼の教科書の中で，n は大き過ぎても小さ過ぎてもいけないと釘を刺
しています．もし有意性検定をするならば「なぜ観測対象をその数にしたのか」
に関する論拠を，検定力分析を行って論文やレポートに必ず併記しなくてはいけ
ません．しかし，そうまでしても検定力分析には種々の欠点があります．

　検定力分析が本当に役に立つ方法であるならば，長い歴史の中で，統計学の標
準的な教科書は「個々の検定法と n の決定法が，常にペアで解説される形式」に
淘汰され，統一されているはずだと思いませんか？　そうです，そもそも n を最
初から決めるという方針自体が，不便で窮屈なのです．予め n を決める必要のな
い具体的な解決策は第 II 部で導入します．

---

*8)　サンプルサイズは，観測対象数 n です．サンプルサイズは，標本分布を導出するための有意性検
　　定独特の用語です．
*9)　原文は以下です．State how this intended sample size was determined (e.g., analysis of
　　power or precision).

多重性問題

　ここでは有意性検定の深刻な欠点である**多重性問題**を扱います．また次章で本格的に論じる**意図**という概念を導入します．

○水準による多重性問題

　これまではダイエットや抗菌剤の問題において，処理が 1 つ，対照が 1 つの場合を論じてきました．ここでは処理に相当する状態が複数ある場合の考察をします．たとえばアンケート調査の質問の平均値が「血液型」によって異なるのではないかと考えたとします．ここで「血液型」のような下位集団の集まりを**属性**といいます．A, B, O, AB 型のような属性の個々の状態を**水準**といいます．

　たとえばアンケート調査の中に「自分は仲間の中でとりまとめ役だと思う」という質問があったとします．この質問に「とてもあてはまる」から「どちらでもない」を経由し「まったくあてはまらない」までの 7 件の**多肢選択法** (この場合は 7 肢選択法) で回答させました．O 型のほうが AB 型より標本平均値が高く，独立した 2 群の平均値差の検定をしたところ，$p = 0.04$ でした．5%水準で有意であるといっていいでしょうか．

　もし分析者が「O 型と AB 型の間にこそ，リーダーシップに差がある」という学術的確信を予めもち，他の血液型のデータには目もくれず，O 型と AB 型だけを比較するという意図で検定を実行したのなら，5%水準で有意であると結論できます．しかし「血液型によってリーダーシップに差がある」という学術的確信をもち，すべての組み合わせで 6 回比較 [10] するという意図で検定を実行したのなら話は別です．6 回の検定の内どれでもいいから，少なくとも 1 回，第 1 種の誤りを犯せば「リーダーシップは血液型によって有意差がある」と結論されます．その誤りの確率は，5%より高くなるでしょう．これを **α のインフレ** (ーション) といいます．

　複数の検定をする際に，α のインフレが生じないように p 値を補正する方法群を**多重比較法**と総称します．たとえば多重比較法の 1 つである**ボンフェローニの方法**では，$p < (α/検定回数)$ が成り立つときに，α 水準で有意差ありと判定し

---

[10]　m 個から 2 つ選んで比較する組み合わせの数は $m \times (m-1)/2$ 通りあります．$m = 4$ なら 6 通りです．

ます．上述の例では 4 つの水準の比較の組み合わせによる**検定回数**は 6 であり，$p = 0.04 > (0.05/6) = 0.0083$ ですから 5%水準で有意ではありません．

さて，図らずも有意性検定のトンデモない性質が明らかになりました．データは同一でも，意図によって有意か否かの判定が逆転してしまったのです．どこがトンデモかというと「意図は目に見えないので，分析者がどちらの意図を有していたかを，査読者や読者は判断できない」ということです．この問題は意味深長です．しかし解決法はあります．学術的価値の存在証明責任は分析者の側にあるという原則に立てば，後者の意図を有していたとするのがフェアな対処となります．斯くして水準が 3 つ以上ある場合には，多重比較法を適用するのが原則的分析手順となります．でも補正したとしても，せいぜいここまでです．

○属性による多重性問題

先のアンケート調査には「自分は立派な人間である」という問いもありました．男性では O 型のほうが AB 型より標本平均値が高く，検定したところ，$p = 0.005$ でした．$p < 0.0083$ ですから 5%水準で有意であるといっていいのでしょうか．もし分析者が「男性こそ，血液型によって自尊心に差がある」という学術的確信を予めもち，女性のデータには目もくれず，男性だけを比較するという意図で検定を実行したのなら，「5%水準で有意である」と結論できます．しかし「男性か女性かどちらかで，血液型によって自尊心に差がある」という意図で検定を実行したのなら話は別です．男女計 12 回の検定の内どれでもいいから，少なくとも 1 回，第 1 種の誤りを犯せば「自尊心は血液型によって有意差がある」と結論できたのですから，$p < (0.05/12) = 0.00416$ を満たす必要があり，5%水準で有意ではありません．

女性でも O 型のほうが AB 型より標本平均値が高く，検定したところ，$p = 0.001$ でした．$p < 0.00416$ ですから，今度こそ 5%水準で有意であるといっていいのでしょうか．もし分析者が「性別においてこそ，血液型によって自尊心に差がある」という学術的確信を予めもち，他の属性のデータには目もくれず，性別内だけを比較するという意図で検定を実行したのなら，「5%水準で有意である」と結論できます．しかし「何らかの属性では血液型によって自尊心に差がある」という意図で検定を実行し，たまたま「性別」で差を見出したのならば話は別です．調査票には「性別」のほかにも，属性項目として「性別 (2)」「年齢区分 (6)」「収入区分 (6)」「都道府県 (47)」「職業区分 (39)」がありました．比較対象は 100 ($= 2 + 6 + 6 + 47 + 39$) あったのですから，検定回数は 600 ($= 100 \times 6$) となります．ハイパーインフレが起きますので，$p < (0.05/600) = 0.000083$ を満たす必要があり，5%水準で有

意ではありません.

　水準に属性を加味した検定では, 上述のように様々な検定の意図が想定され, そ
れぞれに α のインフレの度合いが違いました. 意図は目に見えませんから, 学術的
価値の存在証明責任は分析者の側にあるという原則に立てば, 常に $p < 0.000083$
を 5%水準の検定の基準とするのがフェアな対処となります. しかし検定回数が
多くなると, 有意差が得られ難くなります. 多重比較法をフェアに正しく適用す
ると, しばしば有意差がどこにも無くなってしまいます. アンケートを実施した
意味がなくなります. そこでズルをしてお目こぼしを願い, 属性別に水準内だけ
で多重比較を行うのが一般的慣行になってしまっています. 「一応補正はしまし
たよ」という言い訳です. しかしこの方法だと属性間の α のインフレが, まった
く防止できません. これが研究の再現性の欠如の原因となります.

　比率の検定でも同様です. 2 つの属性を組み合わせた考察をしてみましょう. 先
のアンケート中に「現在, 国会で審議中の法案甲に賛成ですか」という「はい/いいえ」
で回答する質問があったとします. A 県の男性のほうが B 県の男性よりも標本賛成
比率が高く, 二項検定をしたところ $p = 0.04$ でした. もちろん 5%水準で有意では
ありません. 上述の例とは異なり, ここでは 2 種類の属性の組み合わせで比較して
います. 検定回数[*11] は 3097 通りとなります. $p < (0.05/3097) = 0.00001614$
を満たしたときに, 5%水準で有意差ありと判定します. 2 つの属性の組み合わせ
による考察は, しばしば普通に行われますが, フェアで正しい p 値の補正など誰
もしません. しかし分析者を責めては酷です. 有意性検定の理論的構成には, 多
重性問題という本質的欠陥があると考えるべきです.

○基準変数による多重性問題

　研究の目的となる変数を**基準変数**[*12] といいます. これまではダイエットや抗
菌剤の問題において, 「体重」や「入院期間」など基準変数が 1 つの場合を論じて
きました. アンケートに 60 の質問があるなら, それらが基準変数です. この場合
p 値の補正はどうなるでしょう. 2 つの属性を考慮し「血液型によって, どこか
に差がある」という意図の場合は, $p < (0.05/(60 \times 3097 \times 6)) = 0.000000045$
を満たしたときに, 5%水準で有意差ありと判定します. パソコンが発達した現代
では, 数行の命令で, これくらいの検定回数は容易に実行されています.

[*11]　$3097 = 2 \times 6 + 2 \times 6 + 2 \times 47 + 2 \times 39 + 6 \times 6 + 6 \times 47 + 6 \times 39 + 6 \times 47 + 6 \times 39 + 47 \times 39$.
　　　5 つの水準から 2 つの水準を選択する組み合わせは 10 通りです. 選んだ 2 つの属性による比較
　　　回数は水準の積です. 10 通りの比較回数を合計します. 「血液型」は考慮してません.

[*12]　基準変数は, **目的変数・被説明変数・アウトカム・エンドポイント**等ともいいます.

　がん治療には，たとえば「全生存期間」「無増悪生存期間」「無病生存期間」「腫瘍縮小率」「奏効率」「5 年再発の有無」「生活の質」「治療費」という 8 つの基準変数があります．4 つの治療法 (A, B, C, D) の差を検定する場合に，p 値の補正はどうしたらいいのでしょうか．どれかの治療法間で，何かの基準変数に有意差があれば，論文を書こうという意図があった場合には，検定回数は 48 ($= 8 \times 6$) となりますから，$p < (0.05/48) = 0.00104$ を満たしたときに，5%水準で有意差ありと判定します．「同疾病に罹患した親近者の有無 (2)」や「性別 (2)」・・・などの属性も考慮する場合には，前項の解説に従って検定回数は積の勢いで増えます．

○多重比較法のスヌーピング

　多重比較法は，ボンフェローニの方法のほかにもあります．ボンフェローニの方法は適用範囲が広く，計算が簡単なので，多重比較法の代表例として，上述の説明に使用しました．どの多重比較法も，検定回数が増えると p 値の評価が厳しくなります．意図に依存するという本質的欠陥も共通しています．ボンフェローニの方法は検定力が低いことで知られています．帰無仮説からの乖離の程度，n, α が同じならば，もっと検定力の高い方法があります．**シェッフェの方法・ダネットの方法・テューキーの方法・ウィリアムズの方法・ホルムの方法・スティールの方法**・その他，検定力の高い方法を使用したほうが分析者は有利です．

　ただし多重比較法は，手法ごとに適用すべき意図がそれぞれに異なり，当然，結果も異なります．このため片端から適用し，自身に都合のよい結果を出してくれた多重比較法の意図を，最初から意図していたかのように論文を書きがちになります．これを多重比較法の**スヌーピング** (覗き見・嗅ぎまわり) といいます．これも α のインフレの原因となり，研究の再現性の欠如の原因となります．検定方法が乱立しやすいことも，有意性検定の理論体系が有する欠点の 1 つです．

　水準・属性・基準変数は論文中に明記されますから，補正のルールを破っている証拠が論文中に残ります．そもそも「目に見えない意図に結果が依存する」という性質自体が，p 値の重大な欠点です．しかしここで論じた問題は，不正の証拠が残るという意味で，まだ罪が軽いとさえいえるのです．次章で論じる検定の**時期**による**多重性問題**は「ルールを破った証拠が残らない」という絶望的な性質を有し，研究の再現性問題に対してさらに深刻な被害を生じさせます．証拠が残らない完全犯罪に巻き込まれ，ミステリーはいよいよ佳境に入ります．

4 ゾンビ問題

「事前に決めた」という事実を，
事後，永久に保証するのか

4.1　毎回，検定する

　健康管理のために，毎日，体重を測り，肥満度を計算する人がいます．気象予報士は，毎日，気温を確認するでしょう．関心をもつ対象の状態が変化するのに応じて，観察・測定・分析を行ってモニターし続けることは，科学的活動として自然です．対象の変化を見逃すまいという真摯な科学的態度です．研究対象をモニターしない科学者は，むしろ怠け者です．当然，そこに悪意など微塵もありません．では次の行為はどうでしょうか．

> **●●● 治癒率のモニタリング ●●●**
>
> 新治療法の非治癒率 (未知) と旧治療法の非治癒率 (既知 0.5) を比較する．症例数増加の節目で，中間発表会において有意性検定の結果を何回か示した．そのたびに指導教授に「有望だ」と褒められたので，自信をもって治療を進めた．症例は詳細に観察・測定し，1 ケース増えるごとに比率の二項検定を予備的に行い，様子を見ながら治療を続けていた．
>
> ある日，待望の有意差が観察された．研究者は喜び，長年の苦労を偲びつつ，「n 人治療したところ，残念ながら x 人が治癒しなかった．しかし標本非治癒率 x/n は，旧治療法の非治癒率より，統計的に有意に小さいことが，二項検定によって示された」と，事実と最終検定結果を学位論文に記した．

　観測対象数を増やしながら，複数回検定して p 値をモニターし，最後の検定結果だけを論文やレポートに書いてはいけません．もしそれをしたいのなら，「最終的な検定をするまでに，どのタイミングで何回予備的検定を行ったか」を論文に記述して**逐次検定** (sequential test) [12] あるいは**適応型計画** (adaptive design) [13] の手法で修正された p 値 (adjusted p-value) を報告しなければいけません．修正

せずに最終結果だけ初めて二項検定を行ったかのように報告すると，第1種の誤りを犯す (効果のない治療法に効果ありと判定する) 確率が増加します.

　多数の検定を実行する状態で，どれかが有意になれば何らかの主張ができる場合には，α のインフレが生じます. これを一般的に**多重性問題**といいます. 多重性問題が，水準・属性・基準変数によって生じる弊害をコラムで論じました. ここでは時期によって生じる多重性問題を扱います. 冒頭の研究経過は，時期の**多重性**に関する有意性検定のルールを破っています.

　APA 論文作成マニュアル [11] には，論文の「方法」の章に含むべき内容として「中間分析や停止規則を使用して目標サンプルサイズの修正が行われた場合には，その方法名とその方法を適用した結果を述べなさい」[*1)] と明記されています. 逐次検定や適応型計画の手法で修正された厳しめの p 値を報告しなければいけないということです. しかし，専用の論文執筆マニュアルを有する心理学者ですら，それを守りません. これほどの欺瞞がありましょうか.

　先生！　おっしゃっていることが，あまりにひどいので出てきました.

　どこがひどいのですか？

　n 人治療したところ $n-x$ 人が治癒したことは，紛れもない事実です. それで有意差が得られたのも事実です. だったら，それ以前にどんな分析をしたのかとは，全然関係ないじゃないですか！　今日の体重が 49 kg である，気温が 23 度であるという事実は，昨日までの体重や気温の測定値によって否定されません. 同様に今日「有意になった」という事実も否定されません.

　でもダメです.

　ムー！　そもそも「途中で複数回有意性検定をしたら，最終的な検定結果だけを記述してはいけない」なんて，私が持っている心理統計の教科書には書いてありません. 入門的検定の教科書にも書いてありません.

　心理学に限らず，現在出版されている統計学の入門的教科書で解説されていないことは事実です. でも APA マニュアルには「方法名とその適用結果を書きなさい」と記してあります. p 値をモニターしながらデータを増やし，有意差が得られたタイミングで論文を書くなど，もってのほかです. 有意性

---

*1)　原文は以下です. If interim analysis and stopping rules were used to modify the desired sample size, describe the methodology and results of applying that methodology.

検定を教えるなら，逐次的検定における α のインフレの原理を述べ，p 値の補正方法を説明すべきです．深刻な実害が生じるのですから，有意性検定の使用を推奨する [*2] なら，初等的な教科書でも絶対に省いてはいけません．

何回も中間発表会を企画してくれるなんて，素晴らしい指導教授じゃないですか．途中経過の分析なしで，中間発表会なんてできませんよ．中間発表会をするなというのですか？　中間的な分析をして見通しを立てなければ，怖くて不安で，研究を完遂できませんよ．

するなとはいいません．むしろすべきです．指導教授は，何回検定したかを記録して，それに応じて p 値を補正させればいいんです．中間発表会はしたほうが丁寧な指導です．補正させないなら，そのことこそが，指導教授の怠慢です．給料泥棒の誹りを受けるかもしれません．

でも中間発表の分析は，すればするほど，最終的な検定の p 値が，厳しく評価されるようになるんですよね．前述の研究者は，ある日やっと有意差が得られたのですから，補正すると論文を書けなくなるんですよね．じゃ中間発表なんてしたくないです．… というより，そもそも自宅でケースごとに毎回検定した行為は，まったく証拠が残らないじゃないですか！

そのとおりです．水準・属性・基準変数の場合とは異なり，時期の多重性問題はズルの証拠がまったく残らない点が闇深いのです．

共同研究の場合は，そもそも他の人がやっていることは分かりません．逐次的な有意性検定をしないように，共同研究者全員の生活を互いに防犯カメラで監視するんですか？　監視したって，カメラのない風呂場で紙と鉛筆で検定して紙を捨ててしまえば，やらなかったのと一緒です．

あなたのおっしゃることは，直感的にはもっともです．だから時期の多重性に関する有意性検定のルールは，悪意なく，破られるのです．APA マニュアルに書いてあるのに査読者が最終結果の $p < 0.05$ しか要求しないから，p 値の補正をしない研究者が多いのです．しかしこのルールを破れば，確実に第 1 種の誤りの確率はインフレを起こします．見かけ上の危険率 α が 5% の検定の真の危険率は大きくなります．再現性のない論文が公刊されます．

悪意なんて，ぜんぜんないのに．

[*2]　本書は有意性検定の使用を推奨しませんから，逐次検定も適応型計画も解説しません．本書を読んでなお，有意性検定を続ける人は，巻末にあげた専用の教科書を勉強してください．これから有意性検定を使った教科書を書く人は必ず，逐次検定と適応型計画を解説してください．

実は‥‥. 完全に悪意がない，とは言い切れないんです．ときどき予備検定をして，データを取り続けると，有意になりやすいことは，教科書には書いてないけど，研究を「成功」させる秘伝として，けっこう密かに知れ渡っているんです．

ほんとですか．

この原理を「利用」すると，研究者自身が学術的に差があるとは思えない箇所に有意差を発見してしまうことがあります．研究者間の競争は厳しいから，多くの場合に，それらは公刊されてしまうのではないでしょうか．α のインフレの結果ですから，多くの場合に再現性はないでしょう．

　有意性検定を自家薬籠中の道具として利用している研究者は，道具の性質が体に沁み込んでいます．理論はともかく，この禁則に薄々気が付いている人も少なくありません．でも「やってはいけない」と教科書には書いてないし，自分が不当に得する「技」なのですよ‥‥. もしかしたら，気づかないふりをして，口を拭っている研究者もいるかもしれません．

先生のおっしゃっていることは分かりました．でも，納得感，ゼロです．

では納得してもらえるように，多重性に関する有意性検定の性質を丁寧に説明しましょう．

4.2 標本分布は証拠が残らない意図に依拠する

有意性検定には，なぜ多重性問題が生じるのでしょうか．それは，検定統計量の標本分布が，実は分析者の意図に依存する [14] からです．標本分布は，特定の意図によって無数に追試実験を行ったことを想像した場合の，実際には観察されなかったデータから計算される統計量の分布なのです．

分析者の意図は目に見えません．本人も明確には意識していないかもしれません．ましてや，どのような意図をもっていたか，後から客観的に明らかにすることは，とても難しい課題です．小さな数値例ですが，以下を考えてみましょう．

新治療法の非治癒率 (未知) が旧治療法の非治癒率 (0.5) より，小さいか否かを調べる．24 人の患者のうち 7 人は治癒しなかった．非治癒率は 0.29 (= 7/24) である．この標本比率 0.29 は 0.5 より有意に小さいだろうか．

以上がデータのすべてです．でも有意性検定はデータだけでは特定できません．

このデータがどのように収集されたのかに関する，研究者の意図を明確にする必要があります．以下に具体的な4つの典型的意図 [*3] をみてみましょう．

4.2.1　意図1：n を固定して x を観察する

研究者は，予め「患者を24人治療しよう」と意図して臨床実験を始めました．結果として7人は治癒しませんでした．

この場合，有意性検定では，帰無仮説 $H_0 : \pi = 0.5$ が真であると仮定し，試行数(患者数) 24 の追試実験を無数に繰り返すことを想像します．さらにその追試実験ごとに非治癒者数 x を調べ，記録したと想像してください．たとえば，ある追試実験では4人治らなかった，別の実験では8人治らなかった···，と想像します．このときの非治癒者数の想像上の分布を x の標本分布と言い，その標本分布は $n = 24$ の2項分布になるのでしたね．これが第1章で勉強した二項検定です．意図1は，初等的な統計学の教科書で学習する初期設定された意図です．以後，意図1を教科書的意図1と呼ぶことがあります．この意図の下で有意性検定を行うと，非治癒者数が7人以下になる片側確率は 0.032 です．この確率は 0.025 より大きいから，x の上側も考慮すると，検定結果は5%水準で「有意差なし」と判定されます．

ここで問題になるのが，本当に「患者を24人治療しよう」と意図して臨床実験を始めたのだろうか？　という懸念です．この目に見えにくい意図は結果を本質的に左右する場合があります．その実例を，次の意図2で示します．

4.2.2　意図2：x を固定して n を観察する

研究者は，予め「患者を7人直せなかったら治療効果を検定しよう」と意図して治療を始めました．臨床実験では，結果として24人目の患者が，7人目の治癒しない患者になりました．治療成績は教科書的意図1とまったく同じです．

有意性検定では，帰無仮説 $H_0 : \pi = 0.5$ が真であると仮定し，まったく同じ実験を無数に繰り返すことを想像するのでしたね．つまり意図1とは異なり，非治癒者が7人になるまで治療を続ける追試実験を無数に繰り返すことを想像します．さらにその追試実験ごとに患者数 n を調べ，記録したと想像してください．たとえばある追試実験では23人治療し，別の実験では27人治療し···，と想像

[*3]　「教科書に書いてあるとおりに検定しているだけで，検定に意図が必要だなんて考えたこともなかった」という5番目の意図もあります．実は意図5が最も多いのかもしれません（涙）

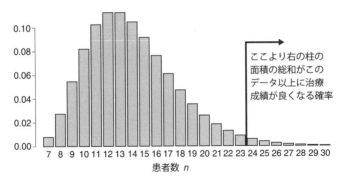

図 4.1 負の 2 項分布による患者数の標本分布

します. 意図 1 では x が分布しましたが, 意図 2 では n が分布します.

このとき治癒者数 $n - x$ の想像上の分布は, **負の 2 項分布**

$$\text{負の 2 項分布}_x(n - x|\pi) = \text{負の 2 項分布}_{\text{非治癒者}}(\text{治癒者}\,|\pi) \tag{4.1}$$

になることが知られています. 図 4.1 に

$$\text{負の 2 項分布}_{x=7}(n - 7|\pi = 0.5) \tag{4.2}$$

を n を横軸にして示しました. 患者数 n の下限は, 当然のことながら 7 人です. 負の 2 項分布は上限に限りがないので 30 人まで示します. これが患者数 n (検定統計量) の標本分布です.

帰無仮説が真で, かつ当該データ以上に治療成績がよくなる確率は, 患者数 n が 24 人以上になる (非治癒率が 7/24 以下になる) 確率です. それは, 図 4.1 の 24 の柱より右のすべての柱の面積の和です. しかし負の 2 項分布は, 上限に限りがないので足し上げることはできません. ここで確率分布の総和は 1 になることを利用します. どうするかというと, $n = 7$ から 23 までの柱の面積の総和を求め, 1 からそれを引いて求めます.

このようにして求めた, 上側の片側確率は 0.017 となりました. この確率は 0.025 より小さいから, n の下側も考慮すると, 検定結果は 5%水準で「有意差あり」という判定になります.

さて, トンデモないことが起きてしまいました. 同じ治療成績のデータ ($n = 24, x = 7$) を分析しているのに, 有意性検定では意図によって有意になったり, 有意にならなかったりします. どこがトンデモないかというと, **第 3 者からみたら分析者の真の意図など分からない**, ということです.

さらに問題なのは，意図1も意図2も，しょせん標本分布を数学的に求めやすいように設定した不自然な意図だということです．素直な動機に任せた実験・調査では，意図1にも意図2にもならず，以下の意図3になるほうが自然です．

4.2.3　意図3：研究資源を固定し，その結果の n で，x を観察する

研究者は，予め「研究期間を1年と定め，その期間に来院した患者の治療成績で検定しよう」と意図して実験を始めました．臨床実験では，1年間に，結果として24人の患者が来院して治療を受け，7人が治癒しませんでした．治療成績は意図1，意図2とまったく同じです．

意図3に基づく検定は，現実場面では最もよく見られます．

- 実験室が予約できた10日間に精一杯被験者を集めたところ，結果的に n 人の被験者が確保でき，x 人から正反応を得た．
- 例年，新入生全員に心理実験を教育的に体験させることを意図し，結果的に今年は n 人の被験者が対象となり，x 人から正反応を得た．
- 卒論の期限に間に合わせるべく，精一杯調査票を配布し，結果的に n 人の回答者が確保でき，x 人が当該政策に賛成していた．
- 交通安全の調査期間中に，結果的に n 件の交通事故が発生し，そのうち x 件でシートベルトをしていなかった．
- ダイエット法の体験モニターを1週間募集したところ，結果的に n 人の応募者があり，そのうち x 人の体重が減少した．

なども意図3だからです．以後，意図3を（研究）資源固定意図3と呼ぶことがあります．こうしてみると，自然な発露によるほとんどの研究は，意図3に基づいていることが分かります．先に見たように，意図は検定結果に深刻に影響を与えます．だから無理やり教科書的意図1であると強弁することはできません．教科書的意図1は資源固定意図3の近似にはなりません．初等的教科書に載っている二項検定は，本当は，ほとんど使用できる場面がないのです．

有意性検定では，帰無仮説 $H_0 : \pi = 0.5$ が真であると仮定し，まったく同じ実験を無数に繰り返すことを想像するのでしたね．つまり資源固定意図3では，研究期間が1年の追試実験を無数に繰り返すことを想像します．ある追試実験では1年間に23人しか来院しないかもしれません．ある追試実験では1年間に26人も来院するかもしれません，と想像してください．さらにその追試実験ごとに非治癒者数を調べ，記録したと想像してください．そのように想像された現実には存在しない分布が，資源固定意図3の非治癒者数の標本分布です．

資源固定意図 3 では，x ばかりでなく n も確率変数となり，n はカテゴリカル分布に従うことが知られています．カテゴリカル分布とは，たとえば

$$p(n = 23) = 0.2, \quad p(n = 24) = 0.3, \quad p(n = 25) = 0.3, \quad p(n = 26) = 0.2$$

のように，実現人数とそれに付与される（総和が 1 の）確率の対のリストで表現される確率分布の一種です．このとき x の標本分布は，n のカテゴリカル分布で重み付けして合成（周辺化）した混合 2 項分布となることが知られています．

ではこれまでのように混合 2 項分布を使って p 値が求まるでしょうか．いいえ求まりません．n のカテゴリカル分布が未知だからです．資源固定意図 3 に基づく実験の x の標本分布は，少なくとも二項検定のそれではありません．真の標本分布が未知です．初等的な教科書に載っている比率の検定は，現実場面で一番実施されている資源固定意図 3 において，本来実施できないのです．

4.2.4 意図 4：n を増加させつつ，x と p 値をモニターする

さて，準備が整いました．本章冒頭の例は，本当にルールを破っているのでしょうか．研究者は，予め「観測対象数を増やしながら，1 ケースごとに二項検定して p 値をモニターし，有意差が観察されたら，最後の二項検定の結果だけを論文に書こう」と意図して実験を始めました．以後，意図 4 を p 値モニター意図 4 と呼ぶことがあります．

有意性検定では，帰無仮説 $H_0: \pi = 0.5$ が真であると仮定し，まったく同じ実験を無数に繰り返すことを想像するのでしたね．もちろん意図には，検定統計量の算出スケジュールも含まれます．この場合は「何度も何度も検定して，その内たった 1 回でも p 値が 0.05 を下回ったら終了する追試実験」を無数に繰り返すことを想像します．1 回の検定で第 1 種の誤りを犯す危険率は 0.05 でした．何度も検定して，その内たった 1 回有意差が観察できればよいのです．言い換えるならば，有意差が観察されるまで検定を繰り返すのですから，真の危険率は 0.05 より大きくなりそうです．

まず帰無仮説を真と仮定するのでしたね．ここで p 値が 0.05 を下回ったら，それは第 1 種の誤りが起きたことになります．ということは想像上の無数の追試実験で 20 回に 1 回論文が書けるのなら，（誤りではありますが）その意味で正しい有意性検定ということになります．それより多く論文が書けてしまうと α が不当にインフレーションを起こしていることになります．真の危険率は 0.05 より大きくなったことが確認できます．

標本分布を考える場合の追試実験は想像上の産物です．しかしコンピュータの

中でなら追試実験を実現することができます．これを計算機シミュレーションといいます．たとえば以下のような手順となります．

1) 患者数の上限を定めます．たとえば，今回は珍しくない病気が研究対象であり，平均1日1人の患者を治療するとします．数年頑張って有意差が出ないときは学位論文を諦める，という設定にしましょう．

2) データは1か0の値をとる母比率 $\pi = 0.5$ の乱数とします．1の場合は治癒，0の場合は非治癒と判定します．計算機の中は現実世界とは異なり，帰無仮説を成り立たせる[*4) ことが可能です．

3) 3ケース目から1ケース増えるごとに二項検定を実行します．標本比率が0.5を上回り，かつ $p < 0.05$ という状態が1回でも観察されたら，学位論文を書きます．患者数の上限まで，1度もその状態が観察されなければ，学位論文は書きません．

4) この実験を1万回繰り返します．

5) 1万回の実験の中で学位論文を書けた比率が，この有意性検定の真の危険率の推定値です．見かけ上の危険率5%と真の危険率を比較します．

2年間頑張った場合の真の危険率は 0.20 となりました．3年間頑張った場合の真の危険率は 0.22 となりました．危険率 0.05 で検定していると査読者は思っているのに本当はその約4倍の危険率です．まったく進歩のない「新」治療法でも，約5回に1回は $p < 0.05$ をゲットできます．患者数を増やせば，真の危険率はもっと上げることができます．

このシミュレーションは帰無仮説が真の場合です．しかし科学の世界では帰無仮説は偽です．神の見えざる手の章で述べたように，医学的には無意味でも帰無仮説が厳密には偽である治療法が議論の対象[*5) となります．この場合は症例を増やしながら検定を続けると，驚くほど有意差は観察され易くなります．たとえばベムの例を用い，母比率 $\pi = 0.53$ とすると，2年間頑張った場合の真の危険率は 0.61 となりました．3年間頑張った場合の真の危険率は 0.73 となりました．学術的に無意味でも 6, 7 割は論文を書けたのです．だから無数に学術論文が公刊されるのです．こうして研究の再現性は失われていくのです．

p 値モニター意図4を許すと，統計的に有意でも科学的に無意味な結果が，さ

[*4) 計算機で使用できるのは疑似乱数ですから，正確に帰無仮説が成り立っているわけではありませんが，現実的判断に支障がないくらいには，帰無仮説を真とみなせます．

[*5) 医学的に無意味な比率ですから「帰無仮説が正確には偽なので，有意差がみられて正解では？」と考えてはいけませんよ．

らに公刊されやすくなってしまいます．しかし多くの場合に分析者には悪意はあ
りません．現時点で，時期の多重性に関する基本的な統計教育がされていないか
らです．見事なくらいに，すっぽり抜け落ちているからです．研究室内部の中間
発表会や，まして自身の机上での予備的検定は証拠が残らず，しかも予備的検定
をしたか否かは治療成績とはまったく無関係です．このためモニター行為が，最
終的な p 値に破壊的なほどの悪影響を及ぼすと気づきにくいのです．

4.3 有意性検定のゾンビ問題

　第 3 章で登場した独立した 2 群の差の有意性検定を思い出してください．そこ
で登場した標本分布は，観測対象数 $n_1 = 24$, $n_2 = 26$ の追試実験を無数に繰り
返すことを想像し，さらに実験ごとに，毎回，(3.2) 式の検定統計量 z を計算した
場合の想像上の分布でした．これは教科書的意図 1 のもとで生成される標本分布
です．

　しかし 2 群の差を推測する実際の研究場面では，研究期間 (あるいは研究資源)
を固定し，その結果としての観測対象数で分析する意図 3 が自然です．一定の研
究期間で同様の追試実験を無数に繰り返すと，観測対象数 n_1, n_2 自体が分布しま
す．$n_1 = 24$, $n_2 = 26$ は決心して収集した結果ではなく，たまたま研究期間内に
治療できた患者だったのが本音という意図です．資源固定意図 3 の場合は，観測
対象数の分布が未知なので，本来の z の標本分布 [*6)] も未知です．検定は実行で
きません．しかし教科書的意図 1 を装って，しばしば分析されます．

　有意性検定を繰り返しながら，観測対象を増やし，p 値をモニターして様子を
見るのが意図 4 でした．2 群の差の検定でも意図 4 を実行し，最終結果だけを報
告したのかもしれません．資源固定意図 3 や p 値モニター意図 4 による検定の見
かけ上の最終アウトプットは，教科書的意図 1 のそれとまったく見分けがつきま
せん．しかし研究の再現性を損ねます．

　近年，オープンサイエンスの一環としてデータを公開することが推奨されてい
ます．しかし仮にデータが公開されていても，もはや公刊後には意図 1,3,4 は互
いにまったく区別できません．

4.3.1 哲学的ゾンビとゾンビ的検定（言葉の定義）
　哲学には，見かけも機能も行動も，まったく人間と変わらない「哲学的ゾンビ」

[*6)]　観測対象数のカテゴリカル分布が与えられれば，z は混合 t 分布に従います．

という物理主義に抗する思考実験[*7) があります。普通の人間と絶対区別がつかず、心をもたないゾンビが我々の回りにいることを想像すると、ちょっと怖いですね。でも「哲学的ゾンビ」は哲学的考察であり、実際には襲って来ませんし、そもそも本当はいませんから安心してください。

資源固定意図3やp値モニター意図4を心中に有していたのに、教科書的意図1を装って分析された検定は、見かけ上まったく区別がつかないという意味で哲学的ゾンビに酷似しています。そこで、以後、それらをゾンビ的検定（あるいはゾンビ）と呼びます。それに対して教科書的意図1によって正しく実行された検定を意図1人間（あるいは人間）と呼びます。哲学的ゾンビは何の危害も加えませんが、ゾンビ的検定は研究の再現性という貴重な果実を喰い荒らします。これをゾンビ問題と呼びます。資源固定意図3とp値モニター意図4によるゾンビ的検定を区別したい場合には、それぞれ意図3ゾンビ、意図4ゾンビと呼びます。ゾンビは、たぶん人間よりずっと多く、我々の回りに、論文中に潜んでいます。

4.3.2　ゾンビの駆除

コンサートの入り口で正式なチケットを提示しても、氏名の事前登録をしていない場合は、もはやそのチケットがダフ行為によって入手したものであるか否かは事後には判定できません。このため近年、氏名の事前登録をさせるコンサート主催者が増えてきました。

同様に論文中のp値は、nを事前登録していない場合は「どんな意図によって入手したものであるか」を、事後には、もはや判定できません。後に生データの公開を行ったとしても人間とゾンビの区別はできません。このことが問題の本質です。このため近年、効果量とnを事前登録をさせる学術雑誌が増えてきました。

ゾンビに感染しないためには、検定力分析をしてデータ収集前に根拠ある観測対象数を定め、教科書で解説されている「意図1人間」に固定しなくてはいけません。感染してしまったゾンビに「人間だ」と嘘をつかせてはいけません。感染していない人間が「自分はゾンビではなく人間だ」と証明できることも大切です。このためには前もって観測対象数を決定した事実を、事前に第3者に登録する必要があります。その第3者は、登録が事前になされたことを保証する必要があります。ダフ行為を防ぐためにはコンサートが終わるまで保証すればいいのですが、学術

---

*7)　Chalmers D. (1996) *The Conscious Mind: In Search of a Fundamental Theory.* Oxford University Press.

論文の場合は永久に保証し続ける必要があります．このようにゾンビの駆除には，膨大なコストがかかります．

　しかも時期の多重性に関するこの厄介な性質は，比率の二項検定と平均値の差の検定に限定されません．本書に登場しない無数の検定も，その多くは同じ性質を有しています．有意性検定を査読の基準として今後も採用し続けるなら，初等統計教育の根本的な書き換え，または変更が必要です．また有意性検定という方法論に内包された欠点ですから，査読論文だけで保証するのでは不十分です．有意性検定を使用する限りは，授業の実習でも，学位論文でも，学会発表でも，事前に定めたことを，第3者が事後永久に保証する必要があります．

4.4　信頼区間は有意性検定を救わない

　ここまで，有意性検定の問題点に関して考察してきました．では信頼区間はどうでしょうか？　たとえばベムの予知能力実験の母比率の95%信頼区間は [0.506, 0.556]でした．95%信頼区間に母比率が含まれる確率は95%ではないけれども，実用的には利用できます．予知能力の存在証明の責任は著者の側にありますから，下限で評価すると0.506であり，千回に6回だけ余計に当てられるに過ぎません．0.5よりは大きいけれど，これでは意味がないと判定できます．また信頼区間は n の増加に伴って幅が狭くなりますから，確実な判断ができます．本書では言及しませんでしたが，平均値の差や，標準化された平均値の差の信頼区間も求めることができます．信頼区間を実質科学的に評価すれば，神の見えざる手は回避できるようにも思えます．

　では有意性検定の代わりに信頼区間を利用すれば，これまで論じた問題は解決するのでしょうか？　残念ながらそうはいきません．まったく解決しないのです．たとえば95%の信頼区間の定義は，帰無仮説を変化させながら5%水準の検定を連続的に実施し，帰無仮説が棄却されない区間でした．ということは，本来の信頼区間も意図ごとに異なってしまいます．正しく危険率が評価されない場面では，信頼区間も正しい区間になりません．たとえば逐次検定をしたのに，最終的な検定結果だけから導かれた信頼区間は，本来の信頼区間とは異なり，分析者に不当に有利な狭い信頼区間になります．検定の原理のみを根拠に導かれた区間ですから，信頼区間は有意性検定の欠点を引き継ぎます．

　ベムの検定も，途中で様子見の検定をしながら n を調節した p 値モニター意図4だったかもしれません．本来の信頼区間はずっと広く，0.5を含んでいたのかも

しれません．論文で公開された信頼区間はベムに不当に有利な狭い信頼区間だったのかもしれません．事前登録されていませんから，もはや区別はつきません．教科書的意図1以外の意図による信頼区間もまた，本来のそれと絶対見分けのつかないゾンビ的信頼区間なのです．そいつは証拠を残さず論文中に潜めます．

4.5　事前登録制度

前章において，有意性検定をするならば，検定力分析を行って「なぜ観測対象をその数にしたのか」に関する論拠を論文に示す必要があると述べました．しかし本章の考察によって，残念ながら，それだけでは不十分であることが示されてしまいました．逐次的に検定して有意差を得た後に，そのときの n に対して，後から検定力分析による「論拠」を論文に記述することが可能だからです．投稿規定で要求されているのですから，当然，そうするでしょう．目に見えにくい意図に依拠する有意性検定には，このようにとても厄介な問題が残ります．

有意性検定の神の見えざる手・多重性問題・ゾンビ問題に効果のある制度が事前登録 (pre-registration) システムです．有意性検定を行う研究に関しては，研究開始以前に

(1) 実質科学的に意味があるとみなせる帰無仮説からの乖離を明示．

(2) 帰無仮説からの乖離，有意水準，検定力から，観測対象数 n を決める．

(3) 計算する予定の検定・多重比較の名称・p 値の補正方法を宣言する．

に関する登録レポート (registered reports) を提出し，研究開始以前に登録したことを証明してもらう制度です．筆者の専門分野では APA (American Psychological Association) や BPS (British Psychological Society) における多くの学術雑誌で事前登録システムが実施されています．医学研究の分野では臨床試験登録 (clinical trial registration) システム [*8)] と呼ばれ，わが国でもすでに稼働しています．事前登録を採用する学術雑誌は，続々と増えています．

4.5.1　事前登録の効能

上述の (1)(2) の情報が事前登録された論文に関しては，神の見えざる手による問題は生じません．たとえば1か月間頑張って平均的に 100 g しか減量できないダイエット法は (第1種の誤りはありますが) きわめて公刊しにくくなります．常識的なダイエット効果から事前登録された n では，よい意味で検定力が低いから

---

*8)　公益社団法人 日本医師会 治験促進センター https://dbcentre3.jmacct.med.or.jp/jmactr/

です．このため帰無仮説は厳密には偽だけれども，科学的には無意味という論文を実質的に排除できます．

水準・属性・基準変数の多重性問題に対しても事前登録は効果を発揮します．p値の補正方法が (3) で登録されていれば，多くの種類の多重比較を片っ端から試してみて，有意になった結果だけを最初から意図していたように論文を書くことは [*9)] できません．

ゾンビ問題に対しても事前登録は効果的です．有意性検定は意図に依拠し，データだけでは特定できません．しかし事前登録すれば，意図 1 に ((3) で検定スケジュールを登録すれば正しく意図 4 に) 固定できます．n が事前登録で固定されていますから，被験者が増えるたびに検定を行い，たまたま有意になったときに，すかさず研究を終了することができません．事前登録した n で有意にならないからといって，データを余分に追加して有意にすることもできません．事前登録すれば，その意味で，研究者の生活を防犯ビデオで監視する必要がなくなります．

ここで 1 つ疑問が湧きます．事前登録された時点で，実はすでに，データが収集されていたのではないか，という可能性です．好きなだけ事前検定・多重比較を試して有意差を見出し，あとから検定力分析をして辻褄を合わせ「これからデータをとります」と事後に「事前登録」できるのであれば，システムとして成り立ちません．この問題を完全に防ぐ方法は見つかっていません．

それを少しでも防ぐためには，事前に登録された内容に関して査読することが有効です．査読はフリーパスということは滅多になく，修正が要求されることが普通です．こうすることで事前にデータをとり，事後に「事前登録」する悪意の動機を低下させます．また，検定力分析や p 値の補正計画が誤っていたら元も子もありません．データ収集以前の事前の査読で，研究計画の正しさを確認することは，その意味でも重要です．

4.5.2 事前登録の問題点

有意性検定にまつわる事前登録には問題点もあります．

第 1 に，事前登録の査読者を確保することが，とても大変です．登録内容 (1)(2) の審査には，検定力分析に関する深い知識が必要です．本書で紹介した二項検定や 2 群の差の検定だけならともかく，**分割表の解析，1 要因計画・乱塊計画・ネ**

[*9)] ただし水準・属性・基準変数に関する p 値の補正範囲を論文全体に広げてしまうと，どこにも有意差がみられなくなる可能性が高いので，正しい範囲への p 値の補正は，わざと実行されない可能性も少なくはありません．

ストした計画・混合計画・階層計画，その他無数の検定に関して，検定力分析を
審査できる査読者を，はたして用意できるでしょうか．

　登録内容 (3) の審査には多重比較や p 値の補正の詳細な知識が必要です．なぜ
その下位検定・多重比較を事前登録するのか，水準・属性・基準変数による p 値の
補正の範囲は登録された内容で適切なのか，登録された予備検定のスケジュール
から計算された p 値の補正は正しいのか，査読者は根拠をもって判断しなければ
なりません．統計学の雑誌ならいざ知らず，そんな査読者の人材を心理学で，統
計を道具として使う実質科学で，学術雑誌ごとに確保することは可能なのでしょ
うか．このため事前審査システムでは「当分の間，根拠ある n の事前審査はしな
い」と宣言している学術雑誌も，実際に，すでに存在しています．

　仮に (1)(2)(3) を事前審査しないとすると，神の見えざる手や，ゾンビ問題や，多
重性問題に起因する再現性の欠如をまったく防止できないことになります．せっ
かく事前登録制度を実施しても，有意性検定に起因する問題に関して，ザルになっ
てしまいます．有意性検定を査読の基準として今後も採用し続けるなら，(1)(2)(3)
の事前登録/査読は必須です．しかし，これは学術雑誌の編集にとって重たい負担
となります．残念なことに，現在わが国で実施されている事前登録制度は，その
ほとんどがザルです．ゾンビは好き放題再現性を喰い散らかせます．

　第 2 に，基礎実験・卒業論文・学位論文・学会発表をどうするかという問題が
あります．これまで p 値が 0.05 を切るという基準だけで学術的価値を判断してき
たために，研究成果の再現性のなさという大問題が引き起こされました．それに
対する有効な切り札として事前審査/登録というシステムが編み出されました．

　剣道をするときには，試合ばかりでなく，練習でも防具をつけます．竹刀で身
体を打撃すると危険であるという性質を剣道というスポーツが内包しているから
です．同様に，教育的な基礎実験・卒業論文・学位論文・学会発表で，有意性検
定を実行するなら，あるいは検定から学術的知見を引き出すなら，(1)(2)(3) を事
前審査/登録する必要があります．投稿論文ほど正式な使用でないからといって，
それを省略することは，練習だからといって防具をつけずに竹刀で打ち合うのと
同じです．投稿するか否かは，手法の数理的性質 (欠点) とは独立だからです．

　心理学の初年度教育において基礎実験は重要な科目です．ゾンビ的検定でない
ことの証明法を学習する絶好の機会です．せっかくの機会を逸することは教育者
として不誠実です．データ収集に先んじて帰無仮説からの乖離，有意水準，検定
力から，観測対象数 n を決め，担任が事前登録させるべきです．それが有意性検
定の正しい教育です．卒業論文・学位論文・学会発表も違反の証拠が残らない数

理的欠点は変わりませんから，有意性検定をするなら，指導者は責任をもって事前登録された検定であることを保証しなくてはなりません．

とくに学位論文は，主査がその学術的品質を保証しなくてはなりません．指導教授にはゾンビ的検定でないことを証明する職務的義務があるといえましょう．しかしこれは想像以上にたいへんです．指導教授が事前登録を厳封し，タイムスタンプを示しても「それはソフトで書き換えられる」と反論されてしまいます．近年，無料で事前登録できる web サイトがありますから，基礎実験などの教育にはぜひ利用すべきです．でもそれは web サイトの運営者を信じるということです．学会への事前登録も，信用を基礎に置くという意味では，本質的に同じ[10]です．

現時点で最も確実な事前登録の方法は，ビットコイン等の暗号資産の取引記録に利用されるブロックチェーンを利用することです．しかしこれとて，技術のある人がホットウォレット状態のキーを手に入れれば，書き換えは可能です．「事前に決めた」という事実を，事後，永久に保証するのは，とても難しい課題です．

4.6 ま　と　め

検定を特定するために意図が必要であることは，必須の知識なのに統計教育で教えられてきませんでした．現在ほとんど教科書に書かれていません．初等統計教育の完全なる欠落です．しかし別の見方をするならば，その性質があまりにも不自然で不便だったからです．データ収集の意図に依存しない方法が必要です．悪意なく研究対象をモニターし，途中で何度か分析し，様子をみながら研究を進めることは自然な研究行為です．それを許さない有意性検定の理論構成は不便極まります．様子を見ながら途中で何度でもモニターしてよい方法が必要です．

有意性検定をするなら，投稿するか否かとは関係なく，検定力分析による n の事前決定が不可欠です．しかし教育的な基礎実験・卒業論文・学位論文・学会発表で，事前に n を決定したことを事後に永久保証するのは大変な手間です．投稿論文における検定力分析の事前査読は，人材的に負担が軽くありません．**事前に n を決める必要のない方法が必要です**．検定力分析が指定する帰無仮説からの乖離の指標は，常に研究の効果の量として妥当であるとは限りません．現実からの要請による自由な研究目標を，適切に反映できない検定力分析は不便です．

---

[10]　2018 年に，国民から信用されていたはずの財務省において，森友学園案件に係る決裁公文書が改ざんされました．学会が管理する事前登録内容も，忖度等により，原理的には書き換えられる可能性がないわけではありません．

幕間　　第I部で明らかになった問題点

　本書はミステリー小説です．ここまで悪人は一人も登場していません．しかし，たくさんの難しい事件が連続して起きてしまいました．それを以下に整理します．

1.　「統計的に有意」は必要条件にしか過ぎない

　帰無仮説 (たとえば $H_0 : \mu_差 = 0$ や $H_0 : \pi = 0.5$) を否定することは，学術的に有用な結果であるためのきわめて控えめな必要条件に過ぎません．必要条件を一定の危険率で保証しています．オリンピックに出場するためにはヒトであることが必要条件です．しかしヒトならだれでも，オリンピックに出場できるわけではありません．必要条件にしか過ぎない「統計的に有意」は，学術論文採択の条件として妥当ではありません．たとえるならヒトであることだけを確認して，オリンピックに出場させているようなものです．それでは学術的価値を有する現象の実証的再現は保証されません．学術的には無意味な論文が雑誌に混入するからです．

2.　神の見えざる手

　p 値が 5% を下回れば有意な差があると認められ，その判定が自動的に重視される雑誌では，神の見えざる手によって，学術的には無意味な論文で満載されます．これは研究者の倫理や良心の問題ではありません．査読システムの矛盾から生じる自然な帰結です．そもそもデータ分析なのに，データが多すぎるなどという自己否定の状況が生じること自体が，有意性検定が有する理論構成の本質的欠陥です．

3-1.　差がないことを積極的に示せない

　実質的に「差がない」ことを示すことが可能な統計的方法論は，科学の側から切実に要請されています．たとえば，抗菌薬 A と B を投与する前の，実験群と対照群の病状の分布に差がないことが示せれば，対照実験がより適切に実施されていることを，積極的に示せます．だから有力な学術誌においてすら，有意でないことを以て，差がないと判定する誤用が繰り返されてきました．しかし有意性検定では，帰無仮説を積極的に支持することができません．有意でないことを以て差がないと判定することは，アリバイがないだけで有罪にすることと同じだからです．

3-2.　データ収集前に n を定めなくてはいけない

　(狼) n が大きすぎると，検定力が高くなりすぎて，統計的に有意でも，科学的に無意味な報告がされてしまいます．(虎) n が小さすぎると，検定力が低くなりすぎて，科学的に意味のある発見でも，統計的に有意にならずに埋もれてしまいます．前門に虎，後門に狼が待ち構えているから，もし有意性検定をするなら，何となく n を決めてはいけません．もし有意性検定をするならば「なぜ観測対象を，事前にその数にしたのか」に関する論拠を，検定力分析を行って論文やレポートに必ず併記しなくてはなりません．しかし，そうまでしても検定力分析には種々の欠点があります．そもそも n を最初から

決めるという方針が不便で窮屈です.

3-3. 検定力分析の“効果量”は効果の量として常に妥当とは限らない

検定力分析で利用する帰無仮説からの乖離の指標は“効果量”と呼ばれることがあります. しかし“効果量”は研究の効果の量として必ずしも妥当ではありません. たとえば対応ある平均値差の検定力分析では事前に $\delta_{差}$ を“効果量”とします. ところが実感にあう効果量は, しばしば $s_{差}$ を計算した事後に判明します. ましてや“効果量”は効果の量を表す唯一の指標などではありません. にもかかわらず $\delta_{差}$ を選ばなくてはいけないのです. 不便です. 研究の効果を評価する指標は, 現実からの要請を優先し, 検定力分析の“効果量”に縛られずに, もっと自由に選べるようにするべきです.

コラム. 多重性問題

水準・属性・基準変数・時期のどれか, またはその組み合わせで, 有意性検定を複数回実施すると, α のインフレが生じます. これを有意性検定の多重性問題といいます. 多重性問題に関しては多重比較という対処法があります. しかし多重比較には多数の方法がありスヌーピングの問題が生じます. さらに深刻なのは, 水準・属性・基準変数・時期の組み合わせが, 掛け算の勢いで検定回数を増やすことです. それを正しく補正すると報告書全体で, どこにも有意差がなくなってしまいます. このため組み合わせによるハイパーインフレは, しばしば気づかないふりをされます.

4. ゾンビ問題

有意性検定を繰り返しながら, 観測対象を増やし, p 値をモニターして様子を見るのが意図4です. 意図4による検定の見かけ上の最終アウトプットは, 教科書で解説されている意図1のそれとまったく見分けがつきません. しかし研究の再現性という大切な果実を喰い荒らします. この見かけ上まったく区別がつかない検定を, 哲学的ゾンビになぞらえてゾンビ的検定(またはゾンビ)と呼びます. ゾンビに感染しないためには, 検定力分析をしてデータ収集前に根拠ある観測対象数を定め, 「意図1人間」に固定しなくてはいけません. 外見で区別のつかない感染してしまったゾンビに「人間だ」と嘘をつかせてはいけません. 感染していない人間が「自分はゾンビではなく人間だ」と証明できることも大切です. このためには前もって観測対象数を決定した事実を, 事前に第3者に登録する必要があります. その第3者は, 登録が事前になされたことを事後永久に保証し続ける必要があります. ゾンビの駆除には, 膨大なコストがかかります.

検定の原理のみを根拠に導かれた信頼区間は, 検定の欠点を引き継ぎ, 簡単にゾンビになります. 意図3ゾンビの信頼区間は本来求まりません. 意図4ゾンビの信頼区間は不当に狭くなります. ベムは5%を装って70%の危険率で検定し, 狭いゾンビ信頼区間を示したのかもしれません. その懸念を否定する証拠は, どこにもありません.

5 ベイズの定理・「研究仮説が正しい確率」

比率の推測を例に

第 II 部は解決編です．第 I 部に登場した問題を克服する方法を論じます．

5.1 迷惑メールである確率

現代社会に生きる我々は日々，ネットのメールのお世話になっています．メールはとても便利ですが，広告や勧誘や詐欺のメールはとても迷惑です．迷惑メールが多いと，大切なメールが埋もれてしまいます．そうならないために，迷惑メールフィルターが使われます．迷惑メールフィルターは，メールサーバーに届いたメール 1 つ 1 つに対して，迷惑メールである確率を計算します．この確率が一定以上のメールは，メールボックスには入れずに，専用のボックスに隔離されます．フィルターのお蔭で，ユーザーである私たちは，迷惑メールを見なくて済みます．ここでは届いたメールが，迷惑メールである確率の計算方法を学習します．

5.1.1 同時確率・条件付き確率

メールサーバーに表 5.1 のような 100 通のメールが入っています．ここからランダムに 1 通取り出すという試行を考えます．

ある事象が観察される確率を $f(\ )$ で表現します．たとえば試行の結果，迷惑メールである事象 A が観察される確率は，100 通中 48 通ですから

$$f(\mathrm{A}) = 0.48 \tag{5.1}$$

です．記号 ¬ は否定を表します．たとえば ¬A は，迷惑でない通常メールである

表 5.1　ボックス中の 100 通のメールの内訳

	単語あり B	単語なし ¬B	合計
迷惑メール A	37	11	48
通常メール ¬A	19	33	52
合計	56	44	100

ことを意味し，$f(\neg A) = 0.52$ です．$f(A)$ と $f(\neg A)$ の和はつねに 1 です．特定の単語 B がメール中に観察される事象を B としましょう．単語 B としては，たとえば「投資指南」などが考えられます．

$$f(B) = 0.56, \qquad f(\neg B) = 0.44 \tag{5.2}$$

です．同じく和は 1 です．

2 つの事象が同時に観察される確率を**同時確率**といいます．たとえばメール中に単語 B があり，かつそれが迷惑メールである同時確率は

$$f(A, B) = f(B, A) = 0.37 \tag{5.3}$$

です．これは迷惑メールであり，かつメール中に単語 B がある確率と同じです．それが左辺と中辺をつなぐ等号の意味です．

では，1 通取り出したメールが迷惑メールであることが分かった，という条件の下で，単語 B が含まれている確率を考えましょう．一方の事象が観察されたという条件の下で，他方の事象が観察される確率を**条件付き確率**といいます．迷惑メール 48 通の中で 37 通がこの事象に相当し，その確率は

$$f(B|A) = 37/48 \simeq 0.77 \tag{5.4}$$

と表記します．第 1 章ですでに登場した縦棒 | は，ギブンと読むのでしたね．(5.4) 式は，縦棒の右側の事象 A が観察されたという条件の下で，縦棒の左側の事象 B が観察される確率を表現しています．(1.4) 式では (データ | 母数) の形式で登場しました．縦棒 | は，事象・データ・母数を区別しない条件づけ関係を表現し，今後多用されます．

今度は逆に，1 通取り出したメールに単語 B が含まれていることが分かった，という条件の下で，それが迷惑メールである確率を考えましょう．こちらは

$$f(A|B) = 37/56 \simeq 0.66 \tag{5.5}$$

となります．(5.3) 式で示したように，同時確率は並び順によって値は変わりません．しかし条件付き確率は，(5.4) 式と (5.5) 式で示したように，縦棒の左右の事象の並び順によって値が変わります．

5.1.2 ベイズの定理

同時確率と条件付き確率には

$$f(A, B) = f(B|A)f(A) \tag{5.6}$$

という関係があります. 実際に数値を入れれば,

$$0.37 = (37/48) \times 0.48 \tag{5.7}$$

となり, (5.6) 式の成立を確かめられます. 同時確率と条件付き確率は, 事象 A,B を入れかえ, (5.3) 式を利用して

$$f(A, B) = f(A|B)f(B) \tag{5.8}$$

と表現することもできます. こちらも

$$0.37 = (37/56) \times 0.56 \tag{5.9}$$

となり, (5.8) 式の成立を確かめられます.

(5.6) 式と (5.8) 式は, 左辺が共通しているから, 右辺どうしをつなぎ

$$f(A|B)f(B) = f(B|A)f(A) \tag{5.10}$$

両辺を $f(B)$ で割ると

$$f(A|B) = \frac{f(B|A)f(A)}{f(B)} \tag{5.11}$$

を得ます. この式がベイズの定理, またはベイズの公式です. 数値を入れると

$$0.66 \simeq (37/56) = \frac{(37/48) \times (0.48)}{0.56} \tag{5.12}$$

となり, ベイズの定理が成立していることを確かめられます.

生起する確率を調べたい事象は, 迷惑メールである事象 A です. ベイズの定理の右辺の分子の $f(B|A)$ は, 調べたい事象に関係するデータからの情報です. 同じく分子の $f(A)$ は, データからの情報を利用する前の調べたい事象 A の確率であり, **事前確率**といいます. ベイズの公式の左辺の $f(A|B)$ は, データからの情報を利用した後の事象 A の生起確率であり, **事後確率**といいます.

データからの情報は, $f(B|A) \simeq 0.77$ でした.「怪しい単語 B がある」という情報が付け加わりましたから, 迷惑メールである事後確率 (0.66) は, 事前確率 (0.48) より大きくなりました.

5.1.3 迷惑メールでない確率

迷惑メールである事前確率は 0.48 であり，迷惑メールでない事前確率 $f(\neg A)$ は 0.52 でした．足して 1 です．ではメール中に単語 B が観察された場合に，迷惑メールでない確率はどうなるでしょう．この事後確率は

$$f(\neg A|B) = \frac{f(B|\neg A)f(\neg A)}{f(B)} \tag{5.13}$$

$$0.34 \simeq (19/56) = \frac{(19/52) \times 0.52}{0.56} \tag{5.14}$$

です．事後確率に関しても，迷惑メールである確率 (0.66) とない確率 (0.34) の和は，足して 1 です $^{*1)}$．ベイズの定理は，中学生でも容易に納得できます．

5.1.4 ベイズの定理の変形 1

(5.11) 式と (5.13) 式は，右辺の分母 $f(B)$ が共通しています．また $f(B)$ は，分析の目的である迷惑メールに関する事象 (情報) を含んでいません．以上のことから，迷惑メールであるか否かの確率は，比例式を用い，

$$37 : 19 = f(A|B) : f(\neg A|B) = f(B|A)f(A) : f(B|\neg A)f(\neg A)$$

と表現できます．和が 1 という条件を利用すれば，この比例式は $f(B)$ がなくても 0.66 : 0.34 と一意に定まります．このためめベイズの定理は，関心のある事象部分だけに着目した

$$f(A|B) \propto f(B|A)f(A) \tag{5.15}$$

という形式で扱われることが少なくありません．ここで $\propto$ は，両辺が比例関係にあることを意味する記号です．

5.1.5 ベイズの定理の変形 2

今度は，前項で省略したベイズの定理の分母 $f(B)$ に着目します．全メール中に単語 B が観察される確率 $f(B)$ は，迷惑メールである場合の確率 $f(B,A)$ と，迷惑メールでない場合の確率 $f(B,\neg A)$ の和です．さらに (5.6) 式を利用すると

$$f(B) = f(B,A) + f(B,\neg A) = f(B|A)f(A) + f(B|\neg A)f(\neg A) \tag{5.16}$$

---

*1) この後，本書では無数の研究仮説が正しい確率を計算します．しかし，すべてのケースで例外なく，仮説が正しい確率と正しくない確率の和は 1 になります．有意性検定では，拮抗する 2 種の誤りの和は $\alpha + \beta \neq 1$ であり，初等教育の弊害となっていました．ベイズ的方法はその点で明快です．

と変形されます. 表 5.1 の数値を入れると

$$0.56 = 0.37 + 0.19 = (37/48) \times 0.48 + (19/52) \times 0.52 \tag{5.17}$$

のように正しいことが確認できます. この式を (5.11) 式の分母に代入すると

$$f(A|B) = \frac{f(B|A)f(A)}{f(B|A)f(A) + f(B|\neg A)f(\neg A)} \tag{5.18}$$

を得ます. この式はベイズの公式の変形式と呼ばれています.

もし単語 B がメール中になければ, 迷惑メールである事後確率は, B を ¬B に置き換えて

$$f(A|\neg B) = \frac{f(\neg B|A)f(A)}{f(\neg B|A)f(A) + f(\neg B|\neg A)f(\neg A)} \tag{5.19}$$

で求まります. 表 5.1 から数字を拾うと,

$$0.25 = (11/44) = \frac{(11/48) \times 0.48}{(11/48) \times 0.48 + (33/52) \times 0.52} \tag{5.20}$$

となります. 怪しい単語 B が観察されなかったので, 迷惑メールである事後確率 (0.25) は, 事前確率 (0.48) より小さくなりました.

5.1.6 ベイズ更新

迷惑メールである確率は, 1 つのデータだけから計算されるものではありません. たとえば, 日々配達される大量のメールに関して, 単語 C, D, E の出現確率を調べたら表 5.2 のようなものになりました. たとえば 3 列目の 2 行目は,「完全無料」という単語が迷惑メール中に観察される確率 $f(C|A)$ が, 0.85 であることを意味しています. 3 列目の 3 行目は,「完全無料」が通常メール中に観察される確率 $f(C|\neg A)$ 確率が, 0.11 であることを示しています.

表 5.2 単語 B,C,D,E の出現確率

	投資指南 B	完全無料 C	急騰確実 D	必勝投資 E
迷惑メール中の確率 $f(\ |A)$	(37/48)	0.85	0.83	0.88
通常メール中の確率 $f(\ |\neg A)$	(19/52)	0.11	0.09	0.08

ベイズの定理は逐次的に使用できます. それまで計算された事後確率を事前確率に読み替えて, データを得るたびに, 新たな事後確率を計算します. これをベイズ更新といいます. **今日の事後確率は明日の事前確率です.**

あるメールを読み進めると，単語 B ばかりでなく，単語 C, D, E が次々と見つかりました．怪しい単語がたくさんあるメールです．ベイズの定理 (5.18) 式を適宜読み変えて，逐次的に 3 回適用し，当該メールが迷惑メールである確率を求めると

$$0.9375 = \frac{0.85 \times 0.66}{(0.85 \times 0.66) + 0.11 \times (1 - 0.66)}$$

$$0.992823 = \frac{0.83 \times 0.9375}{(0.83 \times 0.9375) + 0.09 \times (1 - 0.9375)}$$

$$0.9993433 = \frac{0.88 \times 0.992823}{(0.88 \times 0.992823) + 0.08 \times (1 - 0.992823)}$$

となります．ほぼ五分五分の 48%から，66%, 94%, 99%, 99.9%と急速に，迷惑メールである確率 [*2)] は 1.0 に (通常メールである確率は 1.0 から引いて 0.0 に) 近づいています．まるで人が抱く疑いの自然な変化のようです．このようにベイズの定理は，データ 1 つずつに対して逐次的に適用することが可能です．また本例では割愛しますが，単語 B,C,D,E のデータに対して，一気にベイズの定理を適用することも可能です．一気に適用する方法は次節から具体例を学習します．

あるメールを読み進めると，単語 B はありませんでした．(5.20) 式の状況です．さらに単語 C, D, E も見つかりませんでした．怪しい単語はなかったということです．(5.19) 式を適宜読み変えて，逐次的に 3 回適用し，当該メールが迷惑メールである確率を求めると

$$0.053 = \frac{(1 - 0.85) \times 0.25}{((1 - 0.85) \times 0.25) + ((1 - 0.11) \times (1 - 0.25))}$$

$$0.010386 = \frac{(1 - 0.83) \times 0.053}{((1 - 0.83) \times 0.053) + ((1 - 0.09) \times (1 - 0.053))}$$

$$0.001367 = \frac{(1 - 0.88) \times 0.010386}{((1 - 0.88) \times 0.010386) + ((1 - 0.08) \times (1 - 0.010386))}$$

となります．ほぼ五分五分の 48%から，25%, 5%, 1%, 0.1%と急速に，迷惑メールである確率は 0.0 に (通常メールである確率は 1.0 に) 近づいています．

5.1.7　p 値との比較

迷惑メールフィルターで利用されている迷惑メールである確率は，p 値と比較すると，飛躍的に優れた性質を有しています．

[*2)]　計算誤差が累積しないように左辺の有効数字を多くとっています．

性質1　ドメイン知識を有する者が納得できる指標です．「迷惑メールである
確率が99%である」という言明は，日常の会話通りであり，小学生にも
理解できます．必要条件の確認などではありません．知りたい命題が成
立する確率を直接的に示しています．当該分野の誰でもが実感できる指
標を論文の結論の言葉とすれば，ベムの論文は公刊されませんでした．
(1.10) 式の p 値は，当該分野における学術的な解釈が不可能です．実感
のこもった知見とは無縁です．

性質2　観測対象数の増加に応じて，仮説の真偽の判定が明確になります．デー
タが追加されれば，されるほど，仮説の真偽がはっきりします．真の場
合も偽の場合もあり，白黒が決着します．神の見えざる手から逃れられ
そうです．

　　　データが多すぎるなどという事態は，決して生じません．これは big
データ時代の方法論として待望すべき性質です．それに比べて有意性検
定は，データが多くなると，無意味な有意差が得られるのでした．

性質3　有意性検定とは異なり，途中で何回計算しても，後続する計算に悪影
響を与えません．様子をモニターしながら，自由にデータを付け加えら
れます．この意味で，毎日の体重測定と同じです．今日の分析結果は，
昨日の分析結果によって否定されません．意図4ゾンビに対する特効薬
になりそうです．

　　　この性質は特筆すべき長所です．検定力分析をして事前に n を決め，
事前に決めたことを事後に保証し続ける必要がなくなるからです．その
意味で事前登録 *3) が必要なくなります．

5.2　分布に関するベイズの定理

ベイズの定理はとても普遍的な定理なので，事象・データ・母数に関して置き
換えが可能です．(5.11) 式の A と B を，それぞれ θ と x という記号に置き換え
ると

$$f(\theta|x) = \frac{f(x|\theta)f(\theta)}{f(x)} \tag{5.21}$$

となります．θ は母数の一般的表記です．**母数**とは，確率分布の特徴を決める数

---

*3)　事前登録の存在意義は，p 値の歪みを補正するばかりではありません．この問題は第 8 章で論じま
す．しかしベイズ的方法論を用いれば，少なくとも，事前に n を決める必要はなくなります．

的な指標でしたね. たとえば母比率 π, 母平均 μ, 母標準偏差 σ が母数であり, θ という記号は, それらを代表して表現したい場合に使用します. x はデータです. たとえば成功数や, 入院日数や, 体重の測定値の集まりです.

(5.21) 式の左辺は, データ x が与えられた条件の下での母数 θ の分布であり, **事後分布**と呼ばれます. (5.11) 式では, 迷惑メールである確率を論じていたので, 事後確率といいました. しかしここでは, データが所与のときに, 母比率や母平均がどのあたりに分布していそうかを示しているので, 事後分布といいます. (5.21) 式の右辺の分子 $f(\theta)$ は, データ x が与えられる前の母数 θ の分布であり, **事前分布**と呼ばれます.

(5.21) 式の右辺の分母の $f(x)$ は**基準化係数**と呼ばれ, データが観察される確率です. ただし基準化係数 $f(x)$ は, 興味の対象である母数 θ を含んでいません. そこで (5.21) 式は, (5.15) 式を考慮して,

$$f(\theta|x) \propto f(x|\theta)f(\theta) \tag{5.22}$$

とします. 本書ではベイズの定理を, ここから以後, 例外なく (5.22) 式の形式で扱います. 後述する MCMC 法 (マルコフ連鎖モンテカルロ法) [*4] を利用すると, 基準化係数 $f(x)$ は未知のままでも, 左辺の事後分布が決まるからです.

5.3 尤 度 原 理

(5.22) 式右辺の $f(x|\theta)$ は, 母数が与えられた条件の下でのデータが観察される確率です. 母比率に関心がある場合には, $f(x|\theta)$ は $f(x|\pi)$ と表記されます. 4.2 節に登場した治療法の例を思い出してください. そこでは 24 人を治療して, 7 人が治癒しませんでしたね. 治癒者を“治”, 非治癒者を“非”と表記し, たとえば治療成績が, 結果が判明した順に, 24 人分が

$$x = (治, 治, 非, 治, 非, 治, 非, 治, 治, 治, 非, 治,$$
$$治, 非, 治, 治, 非, 治, 治, 治, 治, 治, 治, 非) \tag{5.23}$$

であったとします. このデータが如何に観察されたかの, 目に見えない意図に依って, このデータから導出される標本分布は, 互いに異なってしまうのでした. 当然, p 値も互いに変化しました. これは有意性検定の致命的な性質です.

[*4] マルコフ連鎖モンテカルロ法の理論的成り立ちに関心のある方は, 文献 [15] の 4 章, 5 章を学習してください.

5.3.1 尤　　度
この2値データが，この並び順に観察される確率は，

$$f(x|\pi) = \pi^7(1-\pi)^{24-7} \tag{5.24}$$

と表記されます．右辺は2項分布のカーネル (本質的な部分) と呼ばれ，負の2項分布のカーネルと共通しています．ところで，表が出る母比率が0.5の歪みのないコインを2回投げて2回とも表が出る確率は0.25です．確率とは，このように母数を固定してデータを変数として扱うときの用語です．逆に本例は，母数が未知で，それを推測しようとします．観察可能なデータが固定され，母数を変数として扱います．定数と変数が入れ替わります．この場合は，混同が生じないように，同じ確率の式を尤度と呼び直します．$f(x|\pi)$ や，その一般形である $f(x|\theta)$ を，今後，尤度と呼びます．

5.3.2 尤度は意図に依存しない
尤度は，意図1から4に依存しません．研究者が，

(1) 予め「患者を24人治療しよう」と意図して臨床実験を始め，結果として7人が治癒しなかった，としても，

(2) 予め「患者を7人治せなかったら治療効果を検定しよう」と意図して治療を始め，結果として24人目の患者が7人目の治癒しない患者だった，としても，

(3) 予め「研究期間を1年と定め，その期間に来院した患者の治療成績で検定しよう」と意図して実験を始め，結果として24人の患者が治療を受け，7人が治癒しなかった，としても，

(4) 予め「観測対象数を増やしながら，1ケースごとに二項検定して p 値をモニターし，有意差が観察されたら，最後の二項検定の結果だけを論文に書こう」と意図し，途中経過として24人の患者を治療した状態が今だった，としても，
母数が所与のときに，(5.23) 式の2値データがこの並び順で観察される確率は，すべて (5.24) 式で表現されます．互いを区別する必要はありません．このように，尤度には特筆すべき長所があります．このため統計的推論は，尤度に基づくべきであるという考え方があり，これを尤度原理 [16] と言います．

有意性検定の理論には，標本分布という概念が不可欠です．**標本分布**とは，特定の意図によって，無数に追試実験を繰り返したと仮定した場合の，実際には追試で計算しなかった統計量の想像上の分布でした．数学的に単純な意図1は，自然な研究状態では，ほとんど存在せず，多くの場合に本音は (標本分布を導けな

い) 資源固定意図 3 でした．教科書的意図 1 を装って，p 値モニター意図 4 を実
行すると，看過できないほどに α はインフレを起こしました．しかも事後には，
実は意図 4 であったことの物証が，きわめて残りにくいという性質がありました．
看過できないほどの悪影響があり，かつ物証が残りにくいので，しかたなく事前
登録という制度が発達したのです．

　尤度による推論は，標本分布という概念を必要としません．どのような計算ス
ケジュールでも，モニターしても，データ収集を途中でやめても，データを取り
増しても，尤度は不変です．検定力分析をして，n を予め定める必要がありませ
ん．ゆえに有意性検定に不可欠な 4.5 節の事前登録 (1)(2)(3) も必要ありません．
実際に観察されたデータ (だけ) に関心を集中できます．

　標本分布を使わないことにより，有意性検定の欠点の 1 つである多重性問題か
らも解放されます．もちろん，多重性問題の 1 つである多重比較の必要もなくな
ります．

5.3.3　事前分布と事後分布

母比率を推測するためには，ベイズの定理 (5.22) 式の θ を π に入れ替えて，

$$f(\pi|x) \propto f(x|\pi)f(\pi) \tag{5.25}$$

とします．事前分布 $f(\pi)$ はデータをとる前の母数の分布です．論文やレポート
など公的な分析では，理由なく特定の領域に狭く集中するものであってはなりま
せん．特定の領域に集中しない事前分布を**無情報的事前分布**といいます．

　母比率 π は区間 [0,1] で定義されます．そこで，データを見る前の π の事前分
布 $f(\pi)$ は，区間 [0,1] の一様分布とします．事前分布として一様分布を選ぶと，
「母比率が定義域のどの辺りにあるのか」に関する確率は均等となります．その意
味で無情報的と考えられます．

　区間 [0,1] で一様分布は，$f(\pi)$ が同じ値になります．このため π を含まない状
態と同等になり，事後分布 (5.25) 式は，尤度にのみ比例し，

$$f(\pi|x) \propto f(x|\pi) \tag{5.26}$$
$$= \pi^x(1-\pi)^{n-x} \tag{5.27}$$

と表現できます．事後分布は尤度だけに (2 項分布のカーネルだけに) 比例し，事
後分布に事前分布の痕跡がまったく残りません．尤度の情報 (データの情報) だけ
を事後分布に反映させることができます．これは一様分布に与えられた特異な長

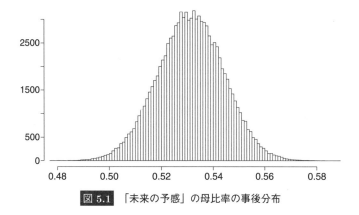

図 5.1　「未来の予感」の母比率の事後分布

表 5.3　「未来の予感」の事後分布の要約統計量

	EAP	post.sd	2.5%	5%	50%	95%	97.5%
比率	0.531	0.013	0.506	0.510	0.531	0.552	0.556

所です．この意味でも一様分布は無情報です．

　事後分布が特定されたら，MCMC 法によって $\pi^{(1)}, \pi^{(2)}, \cdots, \pi^{(t)}, \cdots, \pi^{(T)}$ のように乱数を T 個発生させ，母比率 π の事後分布を近似します．

5.4　「未来の予感」の母比率の推測

　第 1 章で登場したベムの「未来の予感」の母比率を推測しましょう．(5.27) 式に $x = 829, n = 1560$ を代入し，$T = 10$ 万 として求めた π の事後分布の近似が図 5.1 です．

　事後分布の要約統計量を表 5.3 に示します．母数の点推定値として最も頻繁に利用されるのが事後分布の平均値である**事後期待値**です．事後期待値の推定値は，乱数の平均値で計算され **EAP (Expected A Posteriori) 推定値**と呼ばれます．点推定値は 0.531 であり，ベイズ流に計算しても Bem (2011) と同じです．

　事後期待値の安定度の指標が**事後標準偏差 (post.sd)** であり，乱数の標準偏差で計算されます．事後標準偏差は 0.013 でした．

　母数の区間推定としては，事後分布の 2.5%点と 97.5%点の間の区間である **95% (両側) 確信区間**が頻繁に利用されます．95%確信区間は [0.506,0.556] でした．0.5 を含んではおらず，チャンスレベルを外れています．

　今後，事後分布を要約的に表現する場合には，EAP 推定値 (post.sd) [95%確

表 5.4 母比率が基準点 c より大きいという研究仮説が正しい確率

c	0.50	0.51	0.52	0.53	0.54	0.55	0.56	0.57	0.58
$c - 0.5$	0.00	0.01	0.02	0.03	0.04	0.05	0.06	0.07	0.08
phc($c < \pi$)	0.993	0.953	0.814	0.542	0.248	0.073	0.011	0.001	0.000

信区間] の形式で (たとえば 0.531(0.013)[0.506,0.556] と) 表現したり，EAP 推定値 [95%確信区間] の形式で (たとえば 0.531[0.506,0.556] と) 表現する場合があります.

5.4.1 研究仮説が正しい確率

一通取り出したメールが「迷惑メールである」という言明が正しい確率は，離散的な確率事象なので，ベイズの定理を直接適用できました．しかし連続量である母数 (たとえば，ここでは π) に関する言明が正しい確率を扱うためには一工夫必要です．事後分布を近似するために発生させた乱数の中で，研究仮説が成立している (真である) 比率を調べることによって**研究仮説が正しい確率** (PHC, Probability that research Hypothesis is Correct，または**仮説が正しい確率**) を求めることができます (文献 [8])．以下，システムは大文字 PHC で，実際の確率は小文字 phc で表記します．具体的には，研究仮説 U に関して，仮説の真偽を表現する 2 値

$$u^{(t)} = \begin{cases} 1 & \theta^{(t)}\text{に関して研究仮説 } U \text{ が真,} \quad (t = 1, \cdots, T) \\ 0 & \text{それ以外の場合} \end{cases} \tag{5.28}$$

の変数を作り，T 個中，何割の $u^{(t)}$ に 1 が代入されたかを調べると研究仮説が正しい確率が求まります．単に $u^{(t)}$ の平均値を計算しても構いません．この確率を仮に，ここでは phc(研究仮説 U) と表記します.

表 5.4 には phc($c < \pi$) を，c を 0.50 から 0.58 まで 0.01 刻みで動かして示しました．具体的には，それぞれの乱数に関して

$$u_{c<\pi}^{(t)} = \begin{cases} 1 & c < \pi^{(t)}, \quad (t = 1, \cdots, 10\,\text{万}) \\ 0 & \text{それ以外の場合} \end{cases} \tag{5.29}$$

という判断をして求めた $u_{c<\pi}^{(t)}$ の平均値を求めました．ここで phc の計算に必要な定数 c を基準点と呼びます．結果を抜粋して示すと，

phc($0.51 < \pi$) = 95.3%, (100 回に 1 回は予知能力？を発揮)

phc($0.53 < \pi$) = 54.2%,(この段階で，もう確信をもった主張はできない)

phc($0.58 < \pi$) = 0.0% (目標とした 0.7 には遠く及ばない)

となりました. p 値と比較して phc(研究仮説 U) は, このように直感的な理解を与える指標です. しかも何回計算しても多重比較のような補正が必要ありません.

5.4.2 ドメイン知識を有する者が納得できる指標で査読

有意性検定では $H_0 : \pi = 0.5$ という帰無仮説を棄却することで, あらゆる研究分野において, 研究文脈や分析目的に関係なく, 適用対象や結果の軽重を問わずに, 有意差ありとして査読を通してきました.

表 5.4 によれば「的中比率は 0.5 より 0.0 以上大きいという研究仮説が正しい確率」は 99.3% であり, ほぼ確実といえます. しかし, 0 ポイント以上では「予知能力」とはいえません. 観測対象数が増加すれば, ベイズ的アプローチを使っても, この確率は 1.0 に近づきます. 基礎研究といえども「0 ポイント以上」に確信がもてればよいとする査読スタイルは誤っており, それは厳に改めるべきです.

有意性検定では, 検定力分析においてせっかく帰無仮説からの乖離 ($\pi = c$) を参照しているのに, 結局 $H_0 : \pi = 0.5$ を使って検定してしまいます. これでは中途半端です. 元の木阿弥です. そうではなく「予知能力が存在する」という研究仮説を「$c < \pi$, ただし c は 0.5 より明確に大きい」と言い換え, その確率の命題が成り立つ確率そのものを考察することが大切です. 要するに, ドメイン知識を有する者が納得できる指標で査読しなければいけません.

5.4.3 基準点 c の決め方

「明確に大きい」という表現はあいまいです. 基準点 c は, どのように定めたらよいのでしょうか? 大別して 2 つの方向があります.

1 つの方向は, 当該分野の複数の識者の意見の分布を調べることです. ただしこの場合はヌード写真の位置を予言することの価値を評価できる専門家はいません. そこで「もし予知能力があるなら, どれくらいの確率でヌードの位置を当てられるのでしょう」と筆者は学生に調査をしました. ほぼ全員「超能力だから 10 割! … と言いたいところですが 8 割から 9 割当てられれば驚きますね」と答えます. 今まで調査した中で一番低い答えは「しょぼい予知能力だけど 7 割」でした. たとえばこれを根拠にして, $c = 0.8$ 以上ならば, 0.5 より明確に大きいと定義できるでしょう. 効果ゼロからの乖離の評価を予め専門家に依頼することは, 研究目標を定めるという目的にとって重要です.

もう 1 つの方向は, 当該分野の固有技術の観点から c を評価することです. 筆者は 20 年ほど前に人工知能を使って投資をしていた経験があります. 保守本流の未

来予知の課題です．ネットから株価を自動的に収集し，バックプロパゲーションで学習したニューラルネットで，次の瞬間の株価の上下を予測するシステム [6] を自作しました．

もちろん $H_0 : \pi = 0.5$ を棄却したのでは話になりません．標本的中率の下限を母的中率に近づけられるだけの試行数を保証できる財力と，証券会社に払う手数料の関数として，「デイトレードで投資家が生活できる」という課題の下限の基準点 c が決まります．当時の環境なら，予測システムが安定的に $\pi = 0.53$ であるならば，十分に生活ができました．その観点から $\mathrm{phc}(0.53 < \pi) = 54.2\%$は，かなり有望です．もしこれがヌードの位置を予言するのではなく，新しい原理による株価の予測システムなら，20 年前は査読を通すべき水準だったかもしれません．

判定のための客観的な材料を提供するのが統計学の役割であり，同時に統計学の役割はここまでです．判定の主役はドメイン知識をもった専門家であるべきです．phc は直観的に解釈できる具体的な確率です．このため非統計学者である専門家が，ドメイン知識を利用して判定をすることが可能 [*5] です．同じ $\pi = 0.53$ でも，文脈 (たとえばヌード写真の位置か，投資か) によって学術的価値が全然異なります．ドメイン知識をもたない統計学者は，その違いを判定できないし，してはいけないし，きっと統計学者は判定することを望んでいません．

5.4.4　基準点 c は決めなくともよい/phc 曲線

基準点 c は，統計学的には決められません．前述のように調査やドメイン知識で定めることができれば，それに越したことはありません．しかし多くの場合に基準点を 1 点に決めることは困難です．

基準点を決める必要はありません．代わりに，表 5.4 のような表を示したり，図 5.2 のようなグラフを示します．図 5.2 は横軸に基準点 c を，縦軸に phc を配したグラフです．表 5.4 の内容を可視化したグラフです．これをここでは，仮に **phc 曲線** (phc curve) と呼びましょう．参考のために 95%の確信をもって主張できる基準点に点線で補助線を入れました．

この例のように，値が大きいことが望まれる母数に関心があるケースでは，$\mathrm{phc}(c < \pi)$ を確認するのですから，phc 曲線は単調減少関数 [*6] となります．phc 曲線は，横軸の基準点に関する研究上の価値を集約して表現しています．

[*5]　p 値ばかりでなく，情報量規準もベイズファクターも十分に抽象的で，ドメイン知識に基づく判断は困難です．

[*6]　この例の場合は (1 − 事後分布の分布関数) phc 曲線になります．

phc 曲線の結果から，当該論文を採択するのか，不採択にするのかという判断に際して，査読者は実質科学的 (医学的/心理学的な) 含意をこそ重視すべきです．同じ基準点 c の研究上の価値は，固有技術的文脈によってまったく異なるのですから，もはや統計学が口をはさむべき問題ではありません．

5.4.5　帰無仮説に相当する主張を積極的に示す

PHC を利用すると，「母比率は 0.5 より明確に大きい」が正しい確率ばかりでなく，実質的に帰無仮説に相当する「母比率は，ほぼ 0.5 である」が正しい確率も表現できます．ただしそれは，有意性検定の帰無仮説とは異なり phc(π=0.5) ではありません．

数学的仮定ではありませんから，我々はフェアなコイントス [*7)] に対して，厳密には誰も $\pi = 0.5$ をイメージしていません．現実世界におけるフェアなコイントスのイメージは $(|\pi - 0.5| < c)$ [*8)] です．これが「予知能力は実質的には存在しない」という仮説に相当し，有意性検定でいうならば帰無仮説に相当します．

たとえば $c = 0.05$ とすると，phc(0.45 < π < 0.55)=0.930 となります．$c = 0.05$ の前提の下で「予知能力は存在しない」という研究仮説が正しい確率は93%です．これなら JPSP の査読者も困らなかったでしょう．予知能力の存在証明の責任は投稿者の側にあります．筆者は，このデータはむしろ「予知能力が存在しないことを明確に示している」と思います．

「それ ($c = 0.05$) は，筆者の勝手な主観だろう」という批判者 (査読者，授業の担任，指導教授) に対しては図 5.3 に相当する phc 曲線を提示します．図 5.3 は

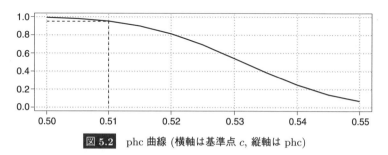

図 5.2　phc 曲線 (横軸は基準点 c, 縦軸は phc)

[*7)]　「裏と表のデザインが違うから $\pi \neq 0.5$ であり，コイントスでエンドとキックオフを決めるのは，フェアではない」と主張するサッカー選手はあまりいません．

[*8)]　これを文献 [14] は，事実上同じ範囲 (ROPE, region of practical equivalence, ロウプと読む) と命名しています．

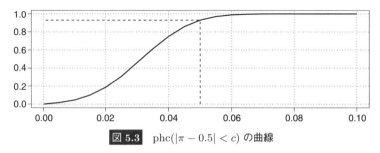

図 5.3 phc($|\pi - 0.5| < c$) の曲線

横軸に基準点 c を配し，縦軸に phc($|\pi - 0.5| < c$) を配した phc 曲線です．参考のために 95% の確信をもって主張できる基準点に点線で補助線を入れました．この曲線を観察して，予知能力があるか否かを判断することは社会心理学の問題です．統計学が扱うべき問題ではありません．仮に査読者によって心理学的な判定が異なっても，それは互いに健全な異論です．

図 5.3 の左端が 0.0 からスタートしていることに注目してください．これは phc($H_0 : \pi = 0.5$) = 0.0 を意味し，帰無仮説は「データをとるまえから厳密には偽」であることの本質を示しています．

5.4.6 観測対象数の増加に応じて仮説の真偽の判定が明確になる

phc を用いれば，観測対象数 n に関して 2 つのメリットが生じます．

第 1 に，データが多すぎるなどという不合理な問題は生じません．図 5.4 の上図は，4.1 節に登場した新治療法実験における，$n = 24$, $x = 7$ のときの ($\pi < c$) の phc 曲線です．この例のように，値が小さいことが望まれる母数に関心があるケースでは，phc($\pi < c$) を確認するのですから，phc 曲線は単調増加関数となります．

下図は $n = 2400$, $x = 700$ の場合の phc 曲線です．事後分布を用いた phc 曲線には，n が小さいうちは曲線は緩慢に変化し，大きくなると急峻に変化するという一般的性質があります．phc(非治癒率は基準点 c より小さい) に高い確信をもつためには，n が小さいうちは右の領域 A の大きな c しか[*9)] 選べません．

研究意義の存在証明責任は論文執筆者の側にあります．データが少ない分析では，自身に有利な言明が控えめにしか主張できないこの性質は自然だし，とても重要です．データが少ないために結果が不安定で，たまたま研究者に有利な結論

[*9)] 図 5.2 より明らかなように，phc(母数は基準点 c より大きい) に高い確信をもつためには，n が小さいうちは分析者に不利な左の領域の小さな c しか選べません．

が導かれてしまう社会的不利益を防げるからです. 前門の虎はその意味で必要であり続けます.

phc(非治癒率は基準点 c より小さい) は, c の値に依らず n の増加に伴って 0 か 1 に確率的に近づいていきます. 下図では phc$(\pi < 0.25) \simeq 0$ であり, phc$(\pi < 0.35) \simeq 1$ です. 観測対象の多い下図では結果が安定し, 分析者に有利な言明か否かとは無関係にはっきりした結論が出せます. ゆえにデータが多過ぎるなどという事態は決して生じないのです. 後門の狼を心配する必要がなくなりました. またこれが有意性検定の欠点である神の見えざる手から解放される理由です.

第 2 に, 予め観測対象数 n を定める必要がありません. 標本分布という概念を使いませんから, 時期の多重性問題から解放されています. このため研究予算や資源に応じて, 研究が必要とする急峻さが phc 曲線に観察されるまで, 様子を見ながらデータを逐次的に増やせます. 毎朝 phc を計算しても補正の必要はありません. [*10] ただし効果が 0 以上という phc ではだめです. PHC を使用しても神の見えざる手に捕まります. 実質科学的に意味のある非治癒率の基準点 c を用いて, 高い phc$(\pi < c)$ が観察[*11] されたら, その日のうちに論文を書き始めることができます. その意味で研究資源に無駄が生じません.

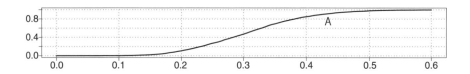

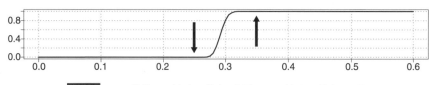

図 5.4 phc 曲線 n が小さい場合 (上図), n が大きい場合 (下図)

[*10] なぜならばフィルタが, 逐次的に「迷惑メールである確率」を計算するのと同じ原理だからです.

[*11] いくらデータをとっても, どんなスケジュールで何回 phc を計算しても, ベムが高い確信をもてる phc$(0.8 < \pi)$ を観察することはなかったでしょう. 有意でも無意味な論文はもう公刊できません.

5.4.7　有意か否かの 2 値判断は社会的不利益が大きい

「ビーカーでの常温核融合の原理の発見」等，エネルギー問題から人類を解放するような基礎研究は，迅速な公刊の必要性を述べ，査読者を納得させ，必要条件の確認 (帰無仮説の棄却) だけでも採択させるべきです．しかしそれは，むしろ稀な例外です．「基礎研究だから」という言い訳の下に，必要条件の確認だけを常態 (規定値) にしている現在の査読制度は，神の見えざる手・ゾンビ問題による社会的不利益が大き過ぎます．「効果の有無こそ知りたい」は我田引水の甘えです．たとえば「左右対称の顔は非対称な顔より魅力的である」という基礎研究の仮説は，5 千万人が反対し，5 千万 1 人が賛成する母比率でも帰無仮説は偽です．基礎研究といえど，必要条件の確認だけで無条件に採択してよいはずがありません．phc 曲線を描き，効果の程度をつねに議論する過程を査読の常態とすべきです．

5.5　ま　と　め

PHC を用いることによって以下のメリットが生じます．

1) 効果がまったくないという phc を使わなければ，神の見えざる手から解放され，有意でも無意味な論文は公刊できなくなります．

2) ROPE の phc を計算すれば，帰無仮説に相当する仮説の正しさを積極的に評価できます．

3) 前門の虎 (データが少ないこと) には (自分が損をしないために，明確な言明をするために) 注意する必要があります．しかし後門の狼 (データが多いこと) は全く気にする必要がなくなります．

4) 観測対象数 n を予め決めなくていいし，途中で何度分析結果をモニターしてもいいし，意図 1, 2, 3, 4 を区別する必要はありません．このため n を事前登録する必要がなくなります．

5) 関心ある指標に関して，そのデータの価値を phc 曲線は集約して示してくれます．したがって分析者自身は，データ収集の前にも後にも，具体的な基準点 c を定める必要はありません．

6) 「予知能力がない」を示す phc($\pi < 0.7$) は，尤度に 2 項分布，事前分布に一様分布を自ら選んだ数理的前提の上での確率です．前提があることは p 値や幾多の統計量と何ら変わらず，phc はあくまでも心の中でカギ括弧を補った上での研究仮説が正しい確率です．それを踏まえていれば，p 値よりも遥かに実感の伴った知見を phc は与えます．そのことを次章で詳述します．

6 結論の言葉に真心を込めて

独立した 2 群の差の推測を例に

有意性検定の p 値は抽象的で，研究の結論の言葉としてふさわしくありません．誰にでも納得でき，具体的に理解でき，効果を実感できる真心のこもった指標で研究の結論は語られるべきです．本章ではそれを可能にする生成量を導入します．

6.1 独立した 2 群の差の推測

表 6.1 に 3.1 節で登場した「入院期間問題」の生のデータを示します．実験群の i 番目の患者の入院期間を $x_{実験\,i}$ と表記し，対照群の i 番目のそれを $x_{対照\,i}$ と表記します．

6.1.1 データの生成過程のモデル化

実験群の入院期間が母平均 $\mu_{実験}$，母標準偏差 $\sigma_{実験}$ の正規分布に従っているとすると，1 番目の患者の入院期間 $x_{実験\,1} = 5.5$ が観察される確率[*1)] は，

$$L_{実験\,1} = 正規分布\,(x_{実験\,1} = 5.5 | \mu_{実験}, \sigma_{実験}) \tag{6.1}$$

と表記されます．また i 番目の患者の入院期間 $x_{実験\,i}$ が観察される確率は

$$L_{実験\,i} = 正規分布\,(x_{実験\,i} \quad | \mu_{実験}, \sigma_{実験}), \quad (i = 1, \cdots, n_1) \tag{6.2}$$

表 6.1　抗菌薬 A と抗菌薬 B を投与した患者の入院期間の生データ (単位：日)

実験群 (A 群) n_1=24 人)	05.5, 10.0, 05.5, 06.0, 09.0, 09.5, 06.5, 07.0, 12.5, 07.0, 06.5, 10.5, 09.0, 04.5, 06.5, 09.5, 10.0, 09.5, 10.5, 06.5, 08.5, 12.5, 04.0, 09.0
対照群 (B 群 n_2=26 人)	05.5, 11.5, 07.0, 07.5, 10.5, 11.0, 08.0, 08.5, 14.0, 08.5, 10.0, 08.0, 12.0, 10.5, 06.0, 08.0, 11.0, 11.5, 11.0, 12.0, 08.0, 10.0, 14.0, 05.5, 10.5, 09.0

[*1)]　正確には確率密度ですが，ここでは区別せず確率と呼びます．

です．ここで $n_1 = 24$ です．

入院期間は，患者間で独立であるとすると，実験群の24人分の入院期間データ

$$x_{実験} = (x_{実験\,1}, \cdots, x_{実験\,i}, \cdots, x_{実験\,24}) = (5.5, 10.0, 5.5, \cdots, 4.0, 9.0)$$

が観察される同時確率は，正規分布の母数 $\mu_{実験}, \sigma_{実験}$ が所与の条件下で

$$f(x_{実験}|\mu_{実験}, \sigma_{実験}) = L_{実験\,1} \times \cdots \times L_{実験\,i} \times \cdots \times L_{実験\,24} \tag{6.3}$$

と表現されます．

一方，対照群の入院期間が $\mu_{対照}, \sigma_{対照}$ の正規分布に従っているとすると，同様の仮定の下で，対照群の26人分の入院データ $x_{対照}$ が観察される同時確率は

$$f(x_{対照}|\mu_{対照}, \sigma_{対照}) = L_{対照\,1} \times \cdots \times L_{対照\,i} \times \cdots \times L_{対照\,n_2} \tag{6.4}$$

と表現されます．ここで $n_2 = 26$ です．

6.1.2　ベイズの定理
ここでベイズの定理 (5.22) 式を再掲

$$f(\theta|x) \propto f(x|\theta)f(\theta)$$

します．独立した2群の差の推測をするためには，この式中の θ と x を

$$\theta = (\mu_{実験}, \sigma_{実験}, \mu_{対照}, \sigma_{対照}) \tag{6.5}$$
$$x = (x_{実験},\ x_{対照}) \tag{6.6}$$

と置き換えて，ベイズの定理を利用します．尤度と事前分布を特定すれば，MCMC法によって，4つの母数の事後分布が求まります．

6.1.3　尤　　　度
実験群と対照群の測定値は互いに独立だから，$x_{実験}$ と $x_{対照}$ が観察される同時確率は

$$f(x|\theta) = f(x_{実験},\ x_{対照}|\theta) = f(x_{実験}|\mu_{実験}, \sigma_{実験})f(x_{対照}|\mu_{対照}, \sigma_{対照}) \tag{6.7}$$

です．データは表 6.1 の値に固定されます．そこでこの式のデータを定数として扱い，母数を変数として扱うと尤度になります．

6.2　ゾンビとの決別

有意性検定を止めてしまえば，ゾンビ問題から解放されます．標本分布という概念を放棄し，意図に依存しない尤度原理を利用します．(6.7) 式の $x_{実験}$ と $x_{対照}$ が観察される同時確率は，意図 1,3,4 に依存しません．

予め観測対象数を定めても，予め期間を定めても，予め「途中でデータの様子を何回もモニターしながら，都度 PHC を計算しよう」と定めても，当該データが観察される確率は (6.7) 式だからです．意図に依らずに，一意に定まります．観測対象数を途中で増やしてもいいし，途中経過を何度計算しても構いませんから，その意味で事前登録自体が必要なくなります．

事前登録が省略できれば，突然，変数や刺激や条件や対象や n を変えられます．上手くいきそうもないから中断したり，逆に上手くいきそうなので n を増やしたりも自由です．産みの苦しみは，試行錯誤の連続です．変更，変更を必要とします．創造的発見のためには有意性検定よりも，尤度原理に基づく方法のほうが適しています．

6.3　事　前　分　布

ベイズの定理の θ に (6.5) 式を代入した際の事前分布は，4 つの母数の同時分布です．通常は，データを見る前の母数は互いに独立であると仮定し，

$$f(\theta) = f(\mu_{実験}, \sigma_{実験}, \mu_{対照}, \sigma_{対照}) \tag{6.8}$$

$$= f(\mu_{実験})f(\sigma_{実験})f(\mu_{対照})f(\sigma_{対照}) \tag{6.9}$$

のように 4 つの母数の事前分布の積として表現します．

6.3.1　一　様　分　布

本書では，事前分布として一様分布を用います．事前分布は，すでに第 5 章で登場しています．ここでは分布の正確な式を紹介します．上限 β，下限 α の一様分布は

$$\text{Uniform}(y|\alpha, \beta) = \begin{cases} 1/(\beta - \alpha), & \alpha \leq y \leq \beta \\ 0, & それ以外の場合 \end{cases} \tag{6.10}$$

で表現されます．y は連続的な値をとり，範囲 $\alpha \leq y \leq \beta$ の外の値が代入される

と 0 を返します.

第 5 章には,母比率 π の事前分布として,区間 $[0,1]$ の一様分布を利用しましたね.あの場合は $\beta = 1$, $\alpha = 0$ でしたから,実は,

$$f(\pi) = \text{Uniform}(\pi|\alpha = 0, \beta = 1) = \frac{1}{1 - 0} = 1 \tag{6.11}$$

です.母比率は区間 $[0,1]$ で定義されますから,範囲外を考える必要はなくなり,常に $f(\pi) = 1$ となり,(5.25) 式に代入すれば,(5.26) 式となります.結果として事後分布から事前分布の影響が消えました.

6.3.2 　一様分布の母数の決め方

母数の事前分布として,一様分布を利用する場合に,その下限 α と上限 β はどのように定めたらよいのでしょうか.「入院期間問題」には 2 つの母平均 $\mu_{実験}$, $\mu_{対照}$ と 2 つの母標準偏差 $\sigma_{実験}$, $\sigma_{対照}$ の合計 4 つの母数がありました.ということは 4 つの下限と,4 つの上限を定める必要があります.その対処の方法は,大別して 3 種類あります.

1 つ目は,観測変数 x の性質によって定めます.たとえば「入院期間問題」の観測変数 x は入院期間です.入院期間は,気温や損益とは異なり,決して負の値になりません.このため $\mu_{実験}$ と $\mu_{対照}$ の事前分布の下限は 0 に定められます.観測変数の単位が重さや長さである場合も同様です.

2 つ目は,母数の数理的性質によって定めます.標準偏差は平均からの偏差の 2 乗の平均の平方根でした.偏差の 2 乗の平均は,数理的に,決して負の値になりません.このため $\sigma_{実験}$ と $\sigma_{対照}$ の事前分布の下限は 0 に定められます.こちらは観測変数の単位に依らずに,母標準偏差の事前分布の下限を 0 にできます.

3 つ目は,適当に定める方法です.適当に定めても,結果に影響しない方法がありますから,安心してください.すでに下限 α は決まりましたから,ここでは上限 β を例にとって説明します.平均値や分散として,常識的にありえない領域の値を適当に選んで指定します.

6.3.3 　一様分布の上限と下限はアバウトに決めてよい

具体例を考えてみましょう.医学的知識を有する者がフェアに考えたら「当該の抗菌薬が対象としている患者の入院期間の平均値と標準偏差の上限はどのくらいだろう」と想像します.表 6.1 の最大値は 14 日,平均値は 8 日から 10 日の間ですが,それに判断が引きずられてはいけません.そして世界中の専門家は,ど

んなに大きく評価しても，誰も「平均入院期間は 20 日以上である」とはいわない
だろうと考えたとします．この場合は $\beta = 50$ 日とか 100 日のように，少し余裕
をもたせて上限を指定します．心配なら $\beta = 500$ 日でも構いません．

表 6.1 の標準偏差は約 2.3 日ですが，それに判断が引きずられてはいけません．
そして世界中の専門家は，どんなに大きく評価しても，誰も「入院期間の平均的
散らばりは 10 日以上である」とはいわないだろうと考えたとします．この場合
は $\beta = 25$ 日とか 50 日のように，少し余裕をもたせて上限を指定します．心配
なら $\beta = 100$ 日でも構いません．

要するに上限 β は「あり得ないほど大きな値の，余裕をもった下限は何だろう」
と考えて指定すればよいのです．(今回のケースではその必要はありませんでした
が) 下限 α を適当に決めなくてはならない状況になったら「あり得ないほど小さ
な値の，余裕をもった上限は何だろう」と考えて指定します．なぜそれでよいの
かの理由を以下で解説しましょう．

6.3.4　事前分布としての一様分布のユニークな性質

さて前述の考察から 4 つの母数の事前分布 $f(\mu_{実験}), f(\sigma_{実験}), f(\mu_{対照}), f(\sigma_{対照})$
として，たとえば $\alpha = 0,\ \beta = 100$ の一様分布を選んだ [*2)] とします．すると区
間 $[0,100]$ において，y の値によらず

$$\text{Uniform}(y|\alpha = 0, \beta = 100) = \frac{1}{100 - 0} = 0.01 \tag{6.12}$$

です．このため同時事前分布 (6.9) 式は，4 つの変数がすべて区間 $[0,100]$ にある
場合は

$$f(\theta) = 0.01 \times 0.01 \times 0.01 \times 0.01 = 0.01^4 \tag{6.13}$$

のように定数になり，ベイズの定理は

$$f(\theta|x) \propto f(x|\theta) \times 0.01^4 \tag{6.14}$$
$$\propto f(x|\theta) \tag{6.15}$$

と簡略化されます．事後分布は尤度にのみ影響され，事前分布の影響が消えまし

[*2)]　母平均と母標準偏差の事前分布の上限は，互いに値が異なっていても構いません．ここでは結果に
影響しないので，状況を単純化するために，共通に 100 としました．でも，たとえば $\mu_{実験}$ の事前
分布の上限が 100 で，$\sigma_{実験}$ の事前分布の上限が 50 でも構いません．しかし実験群と対照群の事
前分布の上限は共通させなくてはいけません．たとえば $\mu_{実験}$ の事前分布の上限が 20 で，$\mu_{対照}$ の
事前分布の上限が 100 ではいけません．比較する 2 者は条件を等しくします．

た．言い換えると，事後分布は尤度というデータの情報のみから構成されていま
す．5章で学んだように，一様分布による事前分布は，その意味で無情報的でした．

　では母数の値が区間 [0,100] から外れたらどうなるでしょうか？　たとえば
$\mu_{実験}$ の値が 200 の場合は，(6.13) 式右辺の因数は少なくとも 1 つが 0 になりま
す．掛け算の連なりですから，同時事前分布 $f(\theta)$ 全体が 0 になります．ところ
が $\mu_{実験} = 200$ という，ありえない母平均を代入した尤度もほぼ 0 です．このた
め範囲内ばかりでなく，範囲外でも (6.15) 式がほぼ成り立ち，事後分布は尤度に
ほぼ比例します．

　大切なことは，事前分布の下限と上限によって，尤度関数の主要な領域を覆う
ということです．覆ってさえいれば，小さく覆っても，大きく覆っても，事後分
布は尤度に比例します．小さく覆っても，大きく覆っても，事後分布に影響しな
いという性質は，下限と上限を定める際にとても便利です．なぜならば，ありえ
ないほど大きな値の余裕をもった下限や，ありえないほど小さな値の余裕をもっ
た上限を，アバウトに指定しておけば，実質的に事後分布が影響を受けない [*3)]
からです．本書に登場する分析結果は，実質的には不変 [*4)] です．

　もっと簡単にいうならば，狭すぎなければ分析結果は実質的に不変だということ
です．このように一様分布の範囲はアバウトに定められるので，たとえば STAN
というソフトウェアでは，指定せずとも適切に自動的に決めてくれます．分析者
が必ずしも指定する必要がない性質は実用上とても便利です．初等的な統計モデ
ルを扱う際には，事前分布として一様分布が推奨できます．

6.4　独立した2群の差の推測

　(6.7) 式として尤度が特定され，(6.12) 式として 4 つの事前分布が特定さ
れました．両者を利用してベイズの定理を適用し，(6.14) 式，(6.15) 式のよ
うに事後分布を特定します．事後分布が特定されたら，MCMC 法によって

[*3)]　母平均の事前分布には正規分布，t 分布，コーシー分布，標準偏差の事前分布には逆ガンマ分布，半
正規分布，半 t 分布，半コーシー分布など，他にもたくさんの候補があります．しかしこれらの分
布には共通して尺度母数と呼ばれる未知の母数があります．残念なことに尺度母数の値は，PHC
をはじめとしてベイズ分析の結果に影響を及ぼしますからアバウトには決められません．かといっ
て根拠をもって尺度母数の値を固定することは容易なことではありません．また一様分布以外の事
前分布は，事後分布に事前分布の痕跡が残ります．初心者のうちは，アバウトな扱いが許容され，
事後分布に痕跡の残らない一様分布が推奨されます．ただし諸般の事情から，様々な事前分布の使
用が必要な場面もあり，上級者の方々はそれらを駆使しています．

[*4)]　ただし本書に登場しないベイズファクターは，一様分布の範囲に敏感に影響を受けます．

$\theta^{(1)}, \theta^{(2)}, \cdots, \theta^{(t)}, \cdots, \theta^{(T)}$ のように乱数を T 個発生させ,母数 θ の事後分布を近似するのでしたね.ここでは $T = 100000$ として,たとえば

$$\theta^{(1)} = (\mu_{実験}^{(1)}, \mu_{対照}^{(1)}, \sigma_{実験}^{(1)}, \sigma_{対照}^{(1)}) = (8.44,\ 9.42,\ 2.05,\ 2.34) \tag{6.16}$$

$$\theta^{(2)} = (\mu_{実験}^{(2)}, \mu_{対照}^{(2)}, \sigma_{実験}^{(2)}, \sigma_{対照}^{(2)}) = (7.97,\ 9.82,\ 2.19,\ 2.49) \tag{6.17}$$

$$\theta^{(3)} = (\mu_{実験}^{(3)}, \mu_{対照}^{(3)}, \sigma_{実験}^{(3)}, \sigma_{対照}^{(3)}) = (8.47,\ 9.96,\ 2.11,\ 2.50) \tag{6.18}$$

$$\vdots \qquad\qquad \vdots \qquad\qquad\qquad\qquad \vdots$$

$$\theta^{(99999)} = (\mu_{実験}^{(99999)}, \mu_{対照}^{(99999)}, \sigma_{実験}^{(99999)}, \sigma_{対照}^{(99999)}) = (7.67,\ 9.69,\ 2.36,\ 2.35)$$

$$\theta^{(100000)} = (\mu_{実験}^{(100000)}, \mu_{対照}^{(100000)}, \sigma_{実験}^{(100000)}, \sigma_{対照}^{(100000)}) = (8.65,\ 9.96,\ 2.42,\ 2.25)$$

のように発生させます.もちろん乱数ですから,種 (seed) によって値は異なります.これはあくまでも例示です.いつもこのようになるわけではありません.T も 10 万に限定 [*5)] されません.上級者が作る複雑なモデルの場合には,数千ということもあります.

6.4.1 EAP, post.sd, 確信区間

母数の点推定値は乱数の平均値で求まりました.たとえば $\mu_{実験}$ の場合は

$$8.15 = \frac{1}{100000}(8.44 + 7.97 + 8.47 + 7.90 + 8.12 + \cdots + 7.67 + 8.65)$$

と求まります.これを EAP 推定値といいました.母数の平均的な散らばりは,乱数の標準偏差で求まりました.たとえば $\mu_{実験}$ の場合は

$$0.51 = \sqrt{\frac{1}{100000}[(8.44 - 8.15)^2 + (7.97 - 8.15)^2 + \cdots + (8.65 - 8.15)^2]}$$

と求まります.これを事後標準偏差とか post.sd といいました.

母数の区間推定は確信区間で求まりました.たとえば 10 万個の $\mu_{実験}^{(t)}$ の 2.5 パーセンタイルは 7.14 であり,97.5 パーセンタイルは 9.16 でした.このとき $\mu_{実験}$ の 95%確信区間は [7.14, 9.16] と求まります.以上をまとめて母数 $\mu_{実験}$ の事後分布の要約統計量は 8.15[7.14, 9.16] と表記することを第 5 章で勉強しましたね.新しい抗菌薬 A による平均入院期間は約 8.15 日であり,95%の確信で平均入院期間は 7.14 日と 9.16 日の間にあると解釈します.

---

*5) 本書で登場するモデルに関しては $T = 10$ 万に固定でかまいません.十分すぎる大きさで安心だからです.T の決め方に関しては興味のある方は文献 [15], [8] を参照してください.

$\sigma_{実験}$ の EAP 推定値は，標準偏差の乱数 $\sigma_{実験}^{(t)}$ の平均値であり，2.48 でした．母数 $\sigma_{実験}$ の事後分布の要約統計量は 2.48[1.85, 3.39] です．新しい抗菌薬 A による入院は，平均的な入院期間の前後で，入院期間が平均的に約 2.48 日散らばります．平均的な入院期間の散らばりは 95%の確信で 1.85 日と 3.39 日の間にあると解釈します．

$\mu_{実験}$ の post.sd である上式の値 0.51 と，$\sigma_{実験}$ の EAP 推定値 2.48 の違いをしっかり区別してください．前者は平均入院期間の散らばりであり，後者は入院期間の散らばりです．解釈が複雑になるので，重要な指標ではあるけれども，今後，post.sd の解釈 [*6] は割愛します．

母数 $\mu_{対照}$ の要約統計量は 9.58(0.49)[8.61, 10.55] でした．また母数 $\sigma_{対照}$ の要約統計量は 2.47(0.37)[1.87, 3.32] でした．正しく解釈してみてください．

6.5 生 成 量

一般的に母数の実数関数 $g(\theta)$ を生成量といいます．したがって PHC も生成量です．生成量 $g(\theta)$ の事後分布は，$g(\theta^{(t)})$ によって近似できます．簡単に言い換えると，生成量の事後分布は，MCMC による母数の乱数に，その定義式をそのまま適用すれば，乱数によって近似できます．これはベイズ的アプローチの特筆すべき長所です．以下，5 つの節で，生成量による考察を行います．

6.6 母平均の差の事後分布

実験群と対照群の平均値の差を推測するためには，母平均の差 $\mu_{差}$ の事後分布を考察します．母平均の差 $\mu_{差}$ は，2 つの母平均の関数ですから，

$$\mu_{差}^{(t)} = \mu_{対照}^{(t)} - \mu_{実験}^{(t)} \tag{6.19}$$

のように近似できます．T 個のうち，(6.16 式) と (6.17 式) で例示すると

$$0.98 = \mu_{差}^{(1)} = \mu_{対照}^{(1)} - \mu_{実験}^{(1)} = 9.42 - 8.44 \tag{6.20}$$

$$1.85 = \mu_{差}^{(2)} = \mu_{対照}^{(2)} - \mu_{実験}^{(2)} = 9.82 - 7.97 \tag{6.21}$$

となります．(6.16) 式，(6.17) 式と見比べてください．$T = 100000$ で計算した $\mu_{差}^{(t)}$ のヒストグラムが図 6.1 であり，これが母平均の差の事後分布の乱数による近似です．

[*6] post.sd は頻度論における標準誤差と同等の解釈をもたらします．

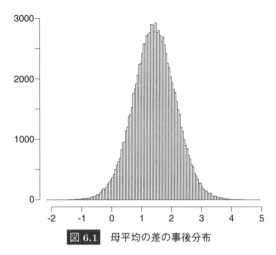

図 6.1　母平均の差の事後分布

　母平均の差 $\mu_差$ の事後分布の要約統計量は 1.43[0.03, 2.82] です．抗菌薬 A を用いたほうが，抗菌薬 B を用いるより平均入院期間は 1.43 日短縮され，その平均短縮日数は 95%の確信で 0.03 日と 2.82 日の間にあると推測されます．

6.6.1　差があるという仮説が正しい確率

　抗菌薬 A を用いたほうが抗菌薬 B を用いるより，平均入院期間が c 日以上短縮される，という研究仮説が正しい確率は，(5.28) 式を用い

$$u_{c<\mu_差}^{(t)} = \begin{cases} 1 & c < \mu_差^{(t)}, \qquad (t = 1, \cdots, T) \\ 0 & \text{それ以外の場合} \end{cases} \tag{6.22}$$

の $u_{c<\mu_差}^{(t)}$ の平均値で求めます．ここでとても大切なことは，$\mathrm{phc}(0 < \mu_差)$ だけを論文評価の (査読の評価) の基準にしてはいけないということです．せっかく標本分布をやめて，意図から自由になったのに，「神の見えざる手」に再び捕まってしまうからです．ほんの少し，たとえば 5 分早く退院できても，$\mathrm{phc}(0 < \mu_差)$ は観測対象の増加とともに 1.0 に近づきます．それによる研究の価値判定が，有意性検定と同様の誤解を招きます．

　さらにいえば，c の評価は統計学の問題ではありません．平均的に 1 日早く (1 時間早く) 退院すれば，何ができるだろう．c 日の短縮は，様々な抗菌薬 A のコスト増に見合うのだろうか？　という判断はドメイン知識を用いて査読者がします．

　表 6.2 には $\mathrm{phc}(c < \mu_差)$ を，c を 0.0 日から 4.0 日まで適当な刻みで動かして示しました．また図 6.2 左にはその区間の phc 曲線を示しました．抗菌薬 A に切

表 6.2 母平均に差があるという仮説が正しい確率 (phc($c < \mu_差$))

c	0.0	0.1	0.2	0.3	0.4	0.5	0.6	0.8	1.0
phc	0.98	0.97	0.96	0.95	0.93	0.91	0.88	0.82	0.73
c	1.2	1.4	1.6	1.8	2.0	2.5	3.0	3.5	4.0
phc	0.63	0.52	0.41	0.30	0.21	0.07	0.01	0.00	0.00

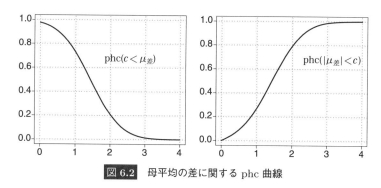

図 6.2 母平均の差に関する phc 曲線

り替えることにより平均的に半日以上早く退院できる確信は 9 割以上です.

分析者は c の値を, 研究前にも後にも, 具体的に決める必要はありません. 創薬の研究者はただひたすら, この曲線が右に移動する研究をすればよいのです. 投稿し判断を査読者に委ねます. 査読者は統計学的に判定するのではありません. あくまでも患者の利便やコストの観点からこの曲線の学術的価値を判定します.

査読者によって価値判断は一致しませんが, 学術的価値判断・査読とは本質的にそういうものです. 研究文脈に依らず, ある統計指標がある値を超えたか否かで判定できるほど, 研究活動は薄っぺらなものではありません.

6.6.2 差がないという仮説が正しい確率

抗菌薬 A と B に差がないという主張をするためには, 差がまったくないという研究仮説を考えてはいけません. その仮説が正しい確率はデータをとる前から $0\ (=\mathrm{phc}(\mu_差 = 0))$ だからです. それでは差がないという帰無仮説を使用することによって犯した過ちの二の舞です.

差の考察に限らず, 大切なことは, 点で仮説を作らないことです. 文字通り, 点と線では次元が異なるのですから, 比較はできません. 効果を表す母数 θ の評価は, phc($\theta < c$) または phc($c < \theta$) によるべきです. 点と線ではなく, 次元が同じ線と線, 2 つの区間の比較をすべきなのです.

表 6.3　　母平均に差がないという仮説が正しい確率 (phc($|\mu_{差}| < c$))

c	0.0	0.1	0.2	0.3	0.4	0.5	0.6	0.7	0.8	0.9	1.0
phc	0.00	0.01	0.03	0.05	0.07	0.09	0.12	0.15	0.18	0.22	0.27
c	2.0	2.1	2.2	2.3	2.4	2.5	2.6	2.7	2.8	2.9	3.0
phc	0.79	0.83	0.86	0.89	0.92	0.93	0.95	0.96	0.97	0.98	0.99

同様に効果がないことを積極的に示すためには，phc($|\theta| < c$) を評価しなくて
はいけません．それは

$$u_{|\mu_{差}|<c}^{(t)} = \begin{cases} 1 & |\mu_{差}^{(t)}| < c, \\ 0 & \text{それ以外の場合} \end{cases} \qquad (t = 1, \cdots, T) \tag{6.23}$$

の平均値で求まります．

表 6.3 には phc($|\mu_{差}| < c$) を，c を 0.0 から 1.0 までと，2.0 から 3.0 まで 0.1
刻みで動かして示しました．また図 6.2 右には，c が 0.0 から 4.0 までの phc 曲
線を示しました．データをとる前から 0 (=phc($\mu_{差} = 0$)) であることは，この曲
線の左端点が 0 から始まっていることに現れています．この場合もまた，分析者
は c の値を，必ずしも 1 点に決める必要はありません．図 6.2 右図，表 6.3 を示
し，評価を読者に任せればよいからです．

筆者の評価を申すならば，半日以上早く退院できれば，いろいろ別の用事が済
ませられて便利です．あくまでも素人的かつ個人的意見ですが，1/4 日くらいの
差は重要とは思えません．この視点では，実質的に差がないという仮説が正しい
確率は 5% 以下です．

逆に，差がないという仮説に 90% 以上の確信をもつためには，2.5 日以下の平
均的早期退院は，実質的に意味がないという立場をとらなければいけません．2.5
日あったら，とてもたくさんのことができると筆者は思います．とてもそんな立
場はとれません．

6.7　標準化された平均値差

独立した 2 群の差の有意性検定は，意図 1 を前提に設計されているけれど，意
図 4 に基づいて最終結果だけを報告すると，データを公開しても両者の区別がつ
きませんでした．しかし後者は真の危険率は，しばしば看過できないほどに高く
なります．このことが研究の再現性の欠如の原因となるので，データ収集前に検
定力分析を行って n を固定し，その事実を事前登録する必要がありました．

検定力分析には，帰無仮説からの乖離の程度を表す指標が必要でした．たとえ

ば独立した2群の差の検定の場合に，それは標準化された平均値差 (3.8) 式であり，再掲し，変形すると

$$\delta = \frac{\mu_{\text{対照}} - \mu_{\text{実験}}}{\sigma_{\text{内}}} = \frac{\mu_{\text{差}}}{\sigma_{\text{内}}} \tag{6.24}$$

となります．検定力分析をするために，たとえば $\delta = 0.3, 1 - \beta = 0.8$ とすると，$n_1 = n_2 = 176$ のように観測対象数が決まります．

6.7.1 検定力分析は妥当でないこともある

しかしデータ収集前は分母の標準偏差は未知です．検定力分析後で，かつデータ収集前時点 (事前登録時点) では，当該研究の入院期間の短縮目標は

$$\mu_{\text{差}} = \delta \times \sigma_{\text{内}} = 0.3 \times \sigma_{\text{内}} \tag{6.25}$$

と表現されます．データを収集した後に標準偏差が1日だったとしたら，あとから振り返って，研究目標はたった 0.3 日でよかったことになります．このように δ を用いると，真の研究目標はデータ収集後にしか判明しません．

逆に標準偏差が10日だったとすると，研究目標は3日になってしまいます．0.3 日と3日では，医学的に，全然，研究の効果・意義が違います．少なくとも患者の立場では δ の値は非本質的であり，大切なことはどれだけ早く退院できるかです．検定力分析をするためには，帰無仮説からの乖離の指標として δ を選ばなくてはなりません．しかし δ は，研究の効果量として常に妥当であるとは限りません．

事前登録によって δ を予め1点に定め，検定力分析をしてから論文を書かねばならないとしたら，読者は「δ が，その他の値のときはどうなるだろう」と途方に暮れるでしょう．検定力分析は「設定温度を予め固定して動かせないようにしたエアコンを製品として出荷する」のと同じくらい不合理な側面を有します．

6.7.2 標準化された平均値差の事後分布

平均入院期間の差が 1.5 日といわれればその意味はすぐに理解できます．しかし心理テストの群間の平均値の差が 1.5 点であるといわれても，その差が大きいのか小さいのかは，すぐには判断できません．このように生の測定値の差に具体的意味づけが難しい研究では，δ が有効に機能します．群内の平均的な散らばりを単位として，平均値差を評価し直すことができるからです．ここでは

$$\delta_{\text{対照}} = \frac{\mu_{\text{対照}} - \mu_{\text{実験}}}{\sigma_{\text{対照}}} \tag{6.26}$$

という指標を考えましょう. 抗菌薬 B は旧薬ですから情報が多く, $\sigma_{対照}$ は入院期間の患者のバラツキの目安 [*7)] として多くの医師がイメージしやすいと考えられます. 標本平均・標本標準偏差を代入すると 0.652 (= (9.6 − 8.1)/2.3) となります. 抗菌薬の違いによる平均入院期間の差は, 対照群内の入院期間の平均的な散らばりの65.2%であると解釈します. 10 倍すると偏差値として解釈する [*8)] ことも可能です. 対照群の分布を基準に考えると, 入院期間の平均値差の偏差値は 6.52 です.

対照群の標準偏差で標準化した平均値差の事後分布は

$$\delta_{対照}^{(t)} = \frac{\mu_{対照}^{(t)} - \mu_{実験}^{(t)}}{\sigma_{対照}^{(t)}} \tag{6.27}$$

のように近似できます. T 個のうち, たとえば (6.16 式) と (6.17 式) で例示すると

$$0.42 = \frac{\mu_{対照}^{(1)} - \mu_{実験}^{(1)}}{\sigma_{対照}^{(1)}} = \frac{9.42 - 8.44}{2.34} \tag{6.28}$$

$$0.74 = \frac{\mu_{対照}^{(2)} - \mu_{実験}^{(2)}}{\sigma_{対照}^{(2)}} = \frac{9.82 - 7.97}{2.49} \tag{6.29}$$

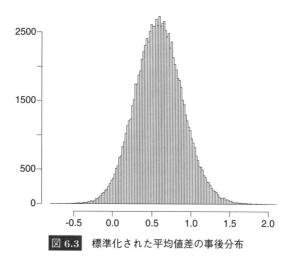

図 6.3　標準化された平均値差の事後分布

[*7)]　$\sigma_{実験}$ でもよいし, 2 群に共通した標準偏差を使う方法もありますが, 本書では紙面の都合から割愛します.

[*8)]　偏差値で 10 離れることは, 標準偏差のぶんだけ離れるという意味です.

となります．(6.16) 式，(6.17) 式と見比べてください．$T = 100000$ で計算した $\delta_{対照}^{(t)}$ のヒストグラムが図 6.3 であり，これが母平均の差の事後分布の乱数による近似です．

6.7.3　$\delta_{対照}$ が c より大きいという仮説が正しい確率

標準化された平均値差 $\delta_{対照}$ が c より大きいという仮説が正しい確率は

$$
u_{c<\delta_{対照}}^{(t)} =
\begin{cases}
1 & c < \delta_{対照}^{(t)}, \qquad (t = 1, \cdots, T) \\
0 & \text{それ以外の場合}
\end{cases}
\tag{6.30}
$$

の $u_{c<\delta_{対照}}^{(t)}$ の平均値で求めます．表 6.4 には phc$(c < \delta_{対照})$ を，c を 0.0 から 0.4 まで 0.05 刻みで動かして示しました．また図 6.4 にはその区間 $[-0.5, 2.0]$ の phc 曲線を示しました．大きいほうが望ましい指標なので，phc 曲線は右下がりです．入院期間の平均的短縮は，入院期間の平均的散らばりの 20% 以上であることには確信をもてそうです．

　分析者は，観測対象数ばかりでなく，$\delta_{対照}$ の基準点 c も予め決める必要があります．査読者から「標準化した平均値差は c は必要だ」と要求されたら，改稿の際に「標準化した平均値差は c 以上である」という研究仮説が正しい確率を示すことができるからです．あるいは phc 曲線を予め論文中に示せば，妥当な c の値を査読者とやりとりする必要すらなくなります．つまり予め決める必要はない

表 6.4　$\delta_{対照}$ が c より大きいという仮説が正しい確率 (phc$(c < \delta_{対照})$)

c	0.00	0.05	0.10	0.15	0.20	0.25	0.30	0.35	0.40
phc	0.98	0.97	0.95	0.93	0.91	0.87	0.83	0.79	0.74

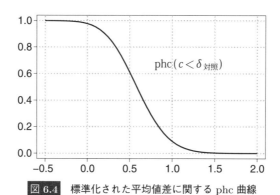

図 6.4　標準化された平均値差に関する phc 曲線

し，分析後にも決める必要はないのです．しかし有意性検定で検定力分析をするためには，標準化された平均値差を予め1点に定める必要がありました．きわめて不便です．

6.8 非 重 複 度

2章に登場した医師国家試験問題（図2.3）を思い出してください．問題中の誤答選択肢 d に注目します．パーセンテージを確率 c にして再掲すると

—A群の c の患者は入院期間がB群の平均入院期間より短い．—

です．選択肢の中では「96.4%の患者」となっています．新薬を使った多くの患者が旧薬の平均入院期間より早く退院できるなら素敵です．誤答選択肢ですが，解釈できない p 値より，新薬の効果を表す量として適切です．

この指標は文献 [10] で提案された**非重複度**であり，

$$U_3 = \{ \text{正規分布} \, (\mu_{実験}, \sigma_{実験}) \, \text{の下から} \mu_{対照} \text{までの累積確率} \} \qquad (6.31)$$

で定義されます．この定義式は難しいので，図6.5に非重複度を分かりやすく図示しました．斜線の領域の面積が非重複度であり，旧薬の平均入院期間より早く退院できる割合です．p 値より真心が込められます．

$\mu_{実験}$, $\sigma_{実験}$, $\mu_{対照}$ を，これまでと同様に，乱数で置き換えることによって U_3 の事後分布を近似します．その結果，U_3 の事後分布の要約統計量は 0.71[0.50 0.88] でした．EAP推定値で評価するならば「A群の71%の患者は，入院期間がB群の平均入院期間より短い」と解釈されます．真心がこもった結論です．

(6.22)式，(6.23)式，(6.30)式，に準じて，U_3 が c より大きいという仮説が正しい確率を計算します．図6.6には，phc$(c < U_3)$ における c を 0.4 から 1.0 ま

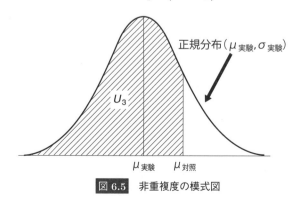

正規分布($\mu_{実験}, \sigma_{実験}$)

U_3

$\mu_{実験}$　$\mu_{対照}$

図 6.5　非重複度の模式図

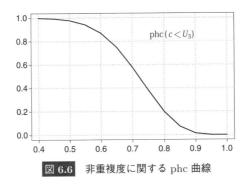

図 6.6　非重複度に関する phc 曲線

表 6.5　U_3 が c より大きいという仮説が正しい確率 (phc($c < U_3$))

c	0.50	0.51	0.52	0.53	0.54	0.55	0.56	0.57	0.58	0.59	0.60
phc	0.98	0.97	0.97	0.96	0.95	0.94	0.93	0.92	0.91	0.89	0.87

で動かした phc 曲線を示しました．大きいほうが望ましい指標なので，phc 曲線は右下がりです．

　また表 6.5 には c を 0.4 から 1.0 まで 0.01 刻みで phc を示しました．95% の確信で「A 群の 54% 以上の患者は，入院期間が B 群の平均入院期間より短い．」と結論します．しかし phc 曲線の変化が緩慢なので，もちろん観測対象をもっと増やしたほうがよいでしょう．

6.9　閾　上　率

　今度は医師国家試験問題 (図 2.3) 中の誤答選択肢 c に注目してください．具体的な % を b% と表記して再掲すると

　　—A 群のほうが B 群よりも入院期間が短くなる確率は b% である．—

です．新薬を使った患者が，旧薬を使った患者より高い確率で早く退院できるなら素敵です．誤答選択肢ですが，解釈できない p 値より，新薬の効果量として適切です．ただし 5 分早く退院できたり，ましてや 3 秒早く退院できても意味がありません．効果がゼロである状態を基準にすると，有意性検定の二の舞になりかねません．神の見えざる手に捕まらないように誤答選択肢 c を少し書き換え

　　—A 群のほうが B 群よりも入院が c 日間短くなる確率は b% である．—

のように基準点 c を導入します．真心のこもった研究目標です．

　一方の群の測定値が，他方の群の測定値より c 以上大きくなる確率を閾上率 π_c

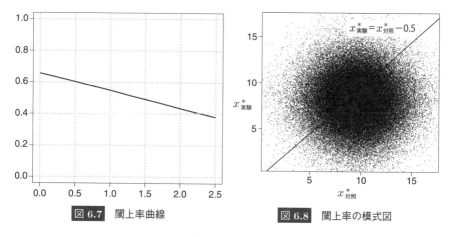

図 6.7 閾上率曲線   図 6.8 閾上率の模式図

表 6.6 c (単位は日) の変化に伴う閾上率

c	0.00	0.25	0.50	0.75	1.00	1.25	1.50	1.75	2.00	2.25	2.50
π_c	0.66	0.63	0.60	0.58	0.55	0.52	0.49	0.46	0.43	0.41	0.38

といいます. この確率は文献 [8] で提案されました. ここでは事後予測分布を使った簡便な評価方法 *9) を紹介します. **事後予測分布**とは, 観測されたデータ $x^*_{実験}$, $x^*_{対照}$ の分布です. 今後, 抗菌薬 A, B を使用する際に予測される入院期間の分布です. 事後予測分布は

$$x^{*(t)}_{実験} = \{ \text{正規分布} \ (\mu^{(t)}_{実験}, \sigma^{(t)}_{実験}) \text{からの正規乱数} \} \tag{6.32}$$

$$x^{*(t)}_{対照} = \{ \text{正規分布} \ (\mu^{(t)}_{対照}, \sigma^{(t)}_{対照}) \text{からの正規乱数} \} \tag{6.33}$$

のように近似します. 添え字 t は 1 から T まで動き, 1 つ 1 つ異なった正規分布からの乱数ですから, 事後予測分布は正規分布にはなりません. 閾上率 π_c は

$$u^{(t)}_{c<x^*_{対照}-x^*_{実験}} = \begin{cases} 1 & c < x^{*(t)}_{対照} - x^{*(t)}_{実験}, \qquad (t = 1, \cdots, T) \\ 0 & \text{それ以外の場合} \end{cases} \tag{6.34}$$

の $u^{(t)}_{c<x^*_{対照}-x^*_{実験}}$ の平均値で求めます.

図 6.7 には区間 $[0.0, 2.5]$ の閾上率の曲線を示しました. 大きいほうが望ましい指標なので曲線は右下がりです. 表 6.6 には同じ区間で 0.25 刻みで閾上率を示しました. たとえば新薬のほうが旧薬より半日 ($c = 0.5$) 以上早く退院できる確率

---

*9) 文献 [8] には閾上率 π_c の事後分布を求める方法も示されています. 事後分布を利用すれば, 各 c における閾上率 π_c の区間推定も可能です.

は 60% ($\pi_{0.5} = 0.60$) です.

　これがどのように計算されたのかを図 6.8 で説明します. 図 6.8 は事後予測分布の散布図です. (6.32) 式と (6.33) 式で発生した 10 万個の乱数が打点されています. 横軸は $x^*_{対照}$ であり, 縦軸は $x^*_{実験}$ です. ここには $x^*_{実験} = x^*_{対照} - 0.5$ の直線が引いてあります.

　(6.34) 式中の条件式を変形すると $x^*_{実験} < x^*_{対照} - 0.5$ となります. このため直線の右下の点は, (6.34) 式が 1 になる点です. 左上の点は 0 になる点です. 表 6.6 において, $\pi_{0.5} = 0.6$ であるということは, 直線の右下の領域に約 6 割 (約 6 万個) の点が打たれているという意味です.

　基準点 c が大きくなると, 直線は右に移動します. 右下に含まれる点の数が少なくなり, 閾上率 π_c は小さくなります. たとえば $\pi_{2.0} = 0.43$ です. 新薬のほうが旧薬より 2 日以上早く退院できる確率は 43%です.

　逆に, 基準点 c が小さくなると, 直線は左に移動するので, 右下に含まれる点の数が多くなり, 閾上率 π_c は大きくなります. たとえば $\pi_{0.25} = 0.63$ です. 新薬のほうが旧薬より 4 分の 1 日以上早く退院できる確率は 63%です. その様子が図 6.7, 表 6.6 に示されています.

6.10　比　の　推　測

　医師国家試験問題 (図 2.3) 中の誤答選択肢 a に注目しましょう. 具体的な%を c%と表記して再掲すると

　　　—A 群は B 群に比べて入院期間が平均で c %短い. —

です. %の差であるポイント *10) と, %自体を混同するといけないので, ここでは対照群の平均入院期間を 1 としたときの比の表記に書き換え

　　　—A 群は B 群に比べて平均入院期間が c で済む. —

としましょう. p 値とは異なり, 小学生にも目標が分かり, 真心があります.

　入院期間のように測定値が直接解釈できる変数である場合には, 標準化された平均値差は, 研究の効果量としては必ずしも適切ではありませんでした. 入院期間の平均値差そのもののほうが研究の効果量として適切です. しかし入院期間は, 重さや長さと同じように, 0 を起点とする絶対量です. 平均的に 1 年間入院する病気で 3 日間早く退院するのと, 平均的に 10 日間入院する病気で 3 日間早く退院するの

---

*10)　たとえば内閣支持率に関して, 前回が 60%, 今回が 55%であるとき, その差は 5 ポイントということがあります. ポイントとはパーセントの差の単位です.

表 6.7　比が c より小さいという仮説が正しい確率

c	0.90	0.91	0.92	0.93	0.94	0.95	0.96	0.97	0.98	0.99	1.00
phc	0.76	0.80	0.84	0.87	0.90	0.92	0.94	0.95	0.96	0.97	0.98

とでは，全然，意味が違います．同じ 3 日間でも，前者の比は $0.99\ (= 362/365)$ であり，後者の比は $0.70\ (= 7/10)$ です．平均値差ではなく比のほうが研究の効果量として，医学 (科学) 的に重要な場合もあります．

平均入院期間 [*11] の比が c より小さいという仮説が正しい確率は

$$u^{(t)}_{\mu_{実験}/\mu_{対照}<c} = \begin{cases} 1 & \mu^{(t)}_{実験}/\mu^{(t)}_{対照} < c, \qquad (t = 1, \cdots, T) \\ 0 & それ以外の場合 \end{cases} \tag{6.35}$$

の $u^{(t)}_{\mu_{実験}/\mu_{対照}<c}$ の平均値で求めます．比の事後分布の要約統計量は $0.85[0.72, 1.00]$ でした．

表 6.7 には $\mathrm{phc}(\mu_{実験}/\mu_{対照} < c)$ を，c を 0.9 から 1.0 まで 0.01 刻みで動かして示しました．小さいほうが望ましい指標ですから，c の増加に伴って確率は増加しています．旧薬の平均入院期間を 1 としたとき，新薬の点推定値は 0.85 に短縮され，「新薬の平均入院期間は 0.94 以下である」という仮説が正しい確率は 90%です．$\mathrm{phc}(\mu_{実験}/\mu_{対照} < c)$ の phc 曲線は練習問題として残し，あえて示さないことにしました．ぜひ，読者ご自身で描いてみてください．

2 群の差を推測する際に，非重複度や閾上率は，p 値よりも解釈しやすい指標でした．もちろん本章で扱った「入院期間」に限らず，どんな変数を扱う場合でも，非重複度や閾上率は，p 値よりも解釈しやすい指標です．たとえばダイエット実験を考えてみましょう．仮に非重複度が 0.3 ということは，そのダイエット法をした集団の平均体重は，しない集団の分布の 30%点ということです．集団の中でのダイエットの効果が目に浮かびます．基準点が 2 kg の閾上率が 0.7 であるということは，そのダイエット法をした人は，しない人より 70%の確率で 2 kg 以上軽いということです．その意味する内容は明快です．読者ご自身の専門領域における代表的な変数に関して，非重複度や閾上率を，ぜひ具体的に解釈してみてください．

[*11]　入院期間の比は事後予測分布の比として求まります．本例では事後予測値に，わずかに負の値が出現するので，入院期間の比の事後分布を計算することは避けました．適切な計算例として文献 [8] の 2 章を参照してください．

第Ⅰ部で起きた複数の事件は以下のように解決されました.

1. 「統計的に有意」は必要条件にしか過ぎない

「p 値が 0.05 を切る」という基準を満たしたならば，研究分野・領域・文脈や，分析目的に関係なく，適用対象や結果の軽重を問わずに，その研究に公刊される価値があると，自動的に判定してきた今までの査読方針は誤っています. これをやめ，研究目的の具体的な状況に合わせ，柔軟にリサーチクエスチョンを設定し，真心を込めて返答します. たとえば

　A 群の平均入院期間は B 群のそれより半日以上短縮する. （実測値）

　A 群の 71% の患者は入院期間が B 群の平均入院期間より短い. （割合，非重複度）

　A 群の方が B 群よりも半日以上早く退院できる確率は 60% である. （確率，閾上率）

　A 群は B 群に比べて平均入院期間が，比率で 0.94 以下で済む. （比）

などです. ドメイン知識を有する専門家が実感できる結論の表現に変え，その言明が正しい確率が高いことを示します. 必要条件ではなく，適用分野の発展に寄与しうる十分条件を，高い確率で言明できる場合に，査読を通します. これは種目ごとに異なって設定された標準記録を，突破できた選手だけをオリンピックに出場させることに相当します.

2. 神の見えざる手

研究者が労を惜しんで n が小さいと，彼が主張したい仮説の PHC は大きくなりません. このため n が小さいことによる不安定さのために，分析者の間違った主張が通る危険は小さくなります. 研究の価値の証明責任は，原則的に分析者の側にあるのですから，この特徴はきわめて合理的です. n が大きくなるに応じて，曲線の形状が急峻になるということは，任意の c における phc が 0 か 1 に近づくことを意味します. このため n が大きくなると，分析者の主張・立場とは関係なく，明確な判断が可能になります. データは情報です. 適切なデータは，多ければ多いほどよいのです. ここが「データが多過ぎては学術的に無意味でも統計的に有意」などという奇妙な性質を有する有意性検定との相違です. ただし基準点をゼロ（または効果なし）として phc を考察すると神の見えざる手に捕まります.

3-1. 差がないことを積極的に示せない

実質的に差がないという主張をするためには，差がまったくないという研究仮説を考えてはいけません. その仮説が正しい確率はデータをとる前から，$\text{phc}(\mu_{差} = 0) = 0$ だからです. それでは差がないという帰無仮説を使用することによって犯した過ちの二の舞です. 1 ピコグラム痩せても，3 秒早く退院できても実質的に差はないのです. 大切なことは，点で仮説を作らないことです. 文字通り，点と線では次元が異なるのですから，比較はできません. 実質的に差はないという仮説が正しい確率は $\text{phc}(|\mu_{差}| < c)$ で

示せます．点と線ではなく，次元が同じ線と線，2つの区間に付与された確率を比較しましょう．分析者はcの値を，具体的に1点に定める必要はありません．phc曲線を示すことにより，実質的に差がない程度を示せます．

3-2. データ収集前にnを定めなくてはいけない

PHCを用いれば，分析者はnを予め定める必要はありません．また分析者は，データをとる前にも後にも基準点cの値を特定する必要がありません．基準点cとphcの関係を集約して可視化したphc曲線を示せばよいからです．phc曲線を観察することにより，横軸の指標に関する総合的な価値評価が可能です．

3-3. 検定力分析の "効果量" は効果の量として常に妥当とは限らない

生成量を利用すれば「2 kg痩せる確率」や，非重複度・閾上率・比などの事後分布を計算できます．現実からの要請を優先し，研究の目的に応じて，もっと自由に研究の効果を評価する妥当な指標を選べます．それらの意味するところは明快だし，何より事前に決めなくて良い点が便利です．

医学や心理学は，本来，個人の行動を説明・予測する学問のはずです．しかし母平均の有意差に終始する研究パラダイムでは，個人の行動自体の説明・予測が疎かになります．閾上率なら，集団差ではなく，目の前の患者・人間個人の処遇差を示せます．

コラム．多重性問題

複数の母数や生成量に関する判断をしたり，基準点を変化させながらphcを何度も計算し直すことは，たったひとつの同時事後分布を，手を変え品を変え，観察し直すことです．したがって如何なる多重性問題も発生しません．データを見た後に思いついた仮説，さらには分析後に思いついた仮説を検証するために再分析してもまったく問題ありません．同時事後分布は，着想や思惑とは無関係にすでに存在し，それらによって変化しないからです．再分析は，同時事後分布を，別の観点から眺め直すだけの行為ですから，ルール違反ではありません．むしろ同時事後分布にすでに埋まっている知見という名の未知の宝を根気よく探せます．

4. ゾンビ問題

意図に依存する標本分布という概念を放棄すれば，ゾンビ問題から解放されます．代わりに意図に依存しない尤度原理を利用します．予め観測対象数を定めても，予め期間を定めても，予め「途中でデータの様子を何回もモニターしながら，都度PHCを計算しよう」と定めても，当該データが観察される確率は不変です．尤度は意図に依らずに，一意に定まります．観測対象数を途中で増やしてもいいし，途中経過を何度計算しても構いませんから，その意味で事前登録自体が必要なくなります．事前登録が省略できれば，突然，変数や刺激や条件や対象やnを変えられます．上手くいきそうもないから中断したり，逆に上手くいきそうなのでnを増やしたりも自由です．産みの苦しみは，試行錯誤の連続です．変更，変更を必要とします．創造的発見のためには有意性検定よりも，変更が自由なベイズ的方法のほうが適しています．

7 セリグマンの犬

対応ある 2 群の差の推測を例に

7.1 ダイエット問題再び

─ ●●● ダイエット問題 2 ●●● ──

あるダイエット法の効果を調べるために，期間 1 か月の減量法のモニターを開発企業が募集したところ，30 人の応募がありました．このダイエット法は有効でしょうか．

プログラム参加前体重と，参加後体重と，身長と，前後の体重差を表 7.1 に示します．要約統計量を表 7.2 に示します．

表 7.1 　ダイエット参加前と参加後の体重の差 (kg)

被験者番号	1	2	3	4	5	6	7	8	9	10
before 体重	48.5	45.6	56.9	52.6	52.6	60.5	52.2	55.3	58.8	54.0
after 体重	47.0	42.6	54.4	51.0	51.0	58.3	50.4	54.4	57.6	51.5
身長	148.5	147.4	164.6	158.3	158.3	169.7	154.0	162.3	170.5	164.3
体重差	1.5	3.0	2.5	1.6	1.6	2.2	1.8	0.9	1.2	2.5
被験者番号	11	12	13	14	15	16	17	18	19	20
before 体重	47.3	57.4	48.2	49.9	47.9	54.1	55.1	49.7	48.7	53.6
after 体重	45.8	55.7	46.9	48.1	45.0	51.9	53.2	47.0	46.0	51.6
身長	150.1	165.3	148.0	154.1	151.0	156.8	162.0	153.8	152.3	159.8
体重差	1.5	1.7	1.3	1.8	2.9	2.2	1.9	2.7	2.7	2.0
被験者番号	21	22	23	24	25	26	27	28	29	30
before 体重	52.0	42.0	58.0	49.6	54.8	50.3	49.3	51.9	46.0	53.2
after 体重	50.5	40.0	56.4	47.2	53.0	48.0	47.0	49.4	44.8	50.9
身長	157.4	146.9	162.4	153.7	161.5	154.8	149.7	161.1	148.0	155.5
体重差	1.5	2.0	1.6	2.4	1.8	2.3	2.3	2.5	1.2	2.3

表 7.2　減量法に関する 30 人のデータの要約統計量

		平均値	標準偏差	中央値
before	(x_b) kg	51.9	4.27	52.1
after	(x_a) kg	49.9	4.40	50.5
身長	(x_h) cm	156.7	6.66	156.2
減量	$(x_b - x_a)$ kg	2.0	0.54	1.9

7.1.1　対応ある 2 群の差の検定

このデータを，まず第 2 章で学習した対応ある 2 群の差の検定で分析します．
Step1 では，帰無仮説 H_0 と対立仮説 H_1 を設定します．

　　帰無仮説 $H_0 : \mu_{x_b - x_a} = 0,$　　　対立仮説 $H_1 : \mu_{x_b - x_a} \neq 0$

ただし $\mu_{x_b - x_a}$ は減量の母平均です．
Step2 では，H_0 を真として検定統計量を計算します．

　　$x_b - x_a$ が正規分布に従っていると仮定すると，(2.9) 式による検定統計量

$$z = \frac{\bar{x}_{差}}{s_{差}} \times \sqrt{n} = 3.7 \times \sqrt{30} = 20.1 \tag{7.1}$$

は標準正規分布で近似 [*1)] できました．(3.9) 式は，帰無仮説からの乖離の程度を表す指標で，検定力分析で利用しました．上式中の 3.7(= 2.0/0.54) は，(3.9) 式のデータによる推定値です．減量の平均値は，減量の平均的散らばりの 3.7 倍と推定されました．
Step3 では，標本分布から p 値を計算します．

　　p 値$=2.2 \times 10^{-16},$　　　95％信頼区間は [1.8 kg, 2.2 kg]

でした．
Step4 では，帰無仮説 H_0 を棄却または採択します．

　　p 値 < 0.05 であり，帰無仮説 H_0 を棄却し，減量には有意差ありと判定します．

　　検定力分析に必要な帰無仮説からの乖離の程度は，分析後に 3.7 倍という推定値が得られましたが，分析前には見当がつきませんでした．またモニター参加者も予想がつきませんでしたから，検定力分析による n の設計はできませんでした．このため検定力分析の事前登録が必要になる雑誌には投稿できません．

　　投稿可能性の有無とは別に，多重性問題はどうでしょうか．幸いなことに，持ち出し禁止のデータを保管したラボには監視カメラが付いていました．このため様子見の検定はしていないと事後に証明 [*2)] できました．時期に関する多重性問

[*1)]　正確には，自由度 $df = 30 - 1$ の t 分布．
[*2)]　ただし映像は永久保存する必要があります．なんとも面倒くさいことです．

題は生じません．このためこの検定は p 値モニターによる「意図 4 ゾンビ」では
ありません．また論文中で 1 回しか検定していませんから，水準・属性・基準変
数の多重性問題も生じません．

ただし残念なことに，$n = 30$ は事前に決めていたのではなく，期間中にたまた
ま応募してくれた人数です．可能性として，応募者は 20 人だったかもしれない
し，100 人だったかもしれません．したがってこの検定は資源固定による「意図
3 ゾンビ」です．このため (7.1) 式は，未知なる混合分布に従い，本来の標本分布
は不明であるという問題は残ります．したがって信頼区間も，あてになりません
から，本来，参照できません．でも「意図 3 ゾンビ」であることはナイショにし
て，分析者 A 氏は開発部の部長に報告にいくことにしました．

7.1.2 リサーチクエスチョン

部長，有意差が出ました．p 値は 2.2×10^{-16} で，超々高度に有意です．

それは千兆分の 1 のオーダーですね．千兆といえば日本の国家予算より大
きいけれど，そんな桁外れの p 値だと，1 か月に 30 kg も痩せるんですか？
それとも 100% 絶対確実に減量に成功するんですか？

体重減の kg とも，減量成功確率とも無関係です．p 値は解釈できません．

我々は霞を食べて生きているのではないぞ．解釈できる指標を使いなさい．

はい，平均減量は，減量の平均的散らばりの 3.7 倍です．

確かにそれは，ダイエット法の性質を表している．しかし市場が要求し，効
果的な広告を打つための推測統計的知見は，この場合それではない．

開発部長は以下の 3 つの**研究上の問い** (RQ.; research question) の推測統計的
知見を欲していました．研究上の問いはリサーチクエスチョンとも呼ばれます．

RQ.1 減量の効果量を (3.9) 式ではなく，(3.8) 式で評価してほしい

痩せて綺麗になりたいという欲求は，主として他者との相対的比較に基づいて
います．しかし (3.9) 式の分母は個人に着目したときの前後の体重の差のバラツ
キの平均です．平均減量がその 3.7 倍という情報は，その欲求とは無関係です．
減量の効果は，それをしなかった人達との比較で考えないと商品として意味がな
いからです．この減量法を行わなかった同世代のライバルより痩せてナンボなの

です.

したがって減量の効果は (3.9) 式ではなく, (3.8) 式でこそ評価されるべきです. ここではぜひ, (減量の平均/群内の標準偏差) をダイエット法の効果として採用し, その推測統計的知見を提供してほしいのです.

RQ.2 減量を測定単位で, ポジティブに評価してほしい

健康診断にいくと「生活習慣病の予防のために痩せなさい」と医師から勧められる人が多いことが分かっています. しかも「1 か月に 1 kg の減量を目安に痩せなさい」と忠告されるようです. この生活習慣病予備軍を商品ターゲット層とすれば利益が見込めます. しかし散らばりとの比を利用する相対的な (3.8) 式と (3.9) 式は, この場合は減量の効果として両方とも直接的ではありません. 広告には測定単位自体を使って「このダイエットプログラムに参加すれば 1 か月に 1 kg 以上の減量ができます.」というコピーを載せたいのです. でもコピー文言が嘘では, 消費者から訴えられます. 1 kg 以上痩せられるという言明が確率的に正しいことを示してください.

RQ.3 減量を肥満度で評価してほしい

背が高い参加者が 1 kg 痩せるのと, 背が低い参加者が 1 kg 痩せるのでは, 大変さも, 健康に対する意味も, ルックスへの影響もまったく異なります. それをゴッチャにしないでください. 減量法の提案は肥満度を低下させることが主目的なのです. だからその効果は kg の単位ばかりでなく, 肥満度 BMI をも使って推測統計的に評価してください.

7.1.3 検定統計量を天下りで暗記した学習者の場合

A 氏は大学時代に心理統計法を 4 単位習い, 有意性検定で卒論・修論を書きました. しかし尤度によるモデリングもベイズ推論も習っていません. 検定統計量は導出したのではなく, 丸暗記しました. 導出の数理も習いませんでした. この場合, A 氏のモノローグは概略以下となるでしょう.

RQ.1 減量の効果量を (3.9) 式ではなく, (3.8) 式で評価してほしい

私にとって, 統計学は, データの形式と検定法の対連合の暗記科目でした. 被験者内計画のデータ [*3)] には, 対応ある 2 群の差の検定を適用するものです. 群間に相関があるので, 独立した 2 群の差の検定統計量は, 対応があるデータに使用してはいけないと厳しく戒められました. 被験者内計画のデータは, (3.9) 式で

[*3)] 対応ある 2 群のデータは, 観測対象が人である場合には, 被験者内計画のデータともいいます.

しか考察できません.

RQ.2 減量を測定単位で，ポジティブに評価してほしい

検定は帰無仮説を棄却することを目的としています. まったく効果がないというネガティブな状態を否定することしか習いませんでした. 健康診断で使われる常とう句だとしても「この減量法で 1 キロ以上痩せられる」というポジティブな研究仮説が正しい確率を計算できるとは思いません. 測定単位を用いて研究のポジティブな効果を推測統計的に評価することは，私には無理です.

RQ.3 減量を肥満度で評価してほしい

検定統計量の標本分布は天下りで暗記しているだけなので，肥満度の分布がどうなるかなど端から考えたこともありませんでした. 体重差が正規分布に従っているとすると，身長の 2 乗による除算の関数である BMI は，たぶん正規分布しないと思います. 統計に詳しい周囲の人に相談したり，本などで肥満度の分布を調べれば，肥満度の検定法は見つかるでしょうか？ 肥満度の検定法が見つからなければ，諦めるより他にどうしようもありません. 私にとって，統計学は，手続きの暗記であり，自力で工夫する余地など，あろうはずがありません.

7.2 尤度モデリング

B 氏は大学時代に心理統計法を 4 単位習い，尤度によるモデリングとベイズ推論を習って卒論・修論を書きました. ただし MCMC 法の導出の原理は学ばず，単に「事後分布を近似する方法である」と丸暗記しました. しかし MCMC 法の原理を知らない B 氏にも，以下の分析が可能です.

データ解析の基本は，データの生成過程を考えることと習いました. これがすべての分析の出発点です. 表 7.1 には見かけ上 4 つの変数があります. しかし 減量 $= x_b - x_a$ なのですから，実質的に変数は 3 つです. 3 変数以上の計量データには多変量正規分布を想定することが，通常，第 1 選択肢となります. そこで $x_i = (x_{b_i}, x_{a_i}, x_{h_i})$ は，3 変量正規分布

$$f(x_i|\theta) = \text{multi\_normal}_3(x_i|\mu, \Sigma) \tag{7.2}$$

から生成されたと仮定します. データはすでに得られていて，母数は未知ですから，この式を尤度とみることにします. ただし μ は母平均ベクトルであり，Σ は母分散と母共分散であり，

$$\theta = (\mu, \Sigma) = (\mu_b, \mu_a, \mu_h, \sigma_b^2, \sigma_a^2, \sigma_h^2, \sigma_{ba}, \sigma_{ah}, \sigma_{bh}) \tag{7.3}$$

です．ただし 2 つの下付き添え字のある σ は，その添え字の変数間の母共分散です．添え字 i について (6.3) 式のように総積をとると尤度 $f(x|\theta)$ になります．

7.2.1 多重性問題からの解放

x がデータ収集を途中で止めた結果であっても，x がデータを取り増した結果であっても，x を収集する過程で様子見の分析をしていても，尤度は意図に対して不変です．したがって観測対象数 n の事前登録は不要です．監視カメラなどなくても，時期に関する多重性からは端から解放されています．

ベイズの定理によって，θ の事後分布は，尤度と事前分布 $f(\theta)$ の積に比例し

$$f(\theta|x) \propto f(x|\theta)f(\theta) \tag{7.4}$$

でしたね．事前分布 $f(\theta)$ は無情報的であることが望ましく，ここでは値が定義される十分に広い範囲の互いに独立な一様分布の積とします．事後分布が特定されたら，MCMC 法によって母数の事後分布を T 個の乱数 $(t = 1, \cdots, T)$ で

$$\theta^{(t)} = (\mu_b^{(t)}, \mu_a^{(t)}, \mu_h^{(t)}, \sigma_b^{2(t)}, \sigma_a^{2(t)}, \sigma_h^{2(t)}, \sigma_{ba}^{(t)}, \sigma_{ah}^{(t)}, \sigma_{bh}^{(t)}) \tag{7.5}$$

のように近似します．分析者 B である私は，なぜ「MCMC によって事後分布が近似できる」かの理由は学習しておらず，天下りでそう暗記しました．この場合，同時事後分布は単一の 9 変量分布です．同時事後分布は，多変量同時分布ですが，一般的に多変量正規分布ではありません．

以下の分析では，母数や生成量の事後分布の考察や，phc による確率計算を，多数回行います．しかしそれ等は，単一の同時事後分布の周辺分布や，変換された変数の分布の，部分領域の面積や，平均値に過ぎません．たったひとつの同時事後分布を，手を変え品を変え，観察し直しているだけです．したがっていかなる多重性問題も発生しません．

データを見た後に思いついた仮説，さらには分析後に思いついた仮説を検証するために再分析してもまったく問題ありません．同時事後分布は，着想や思惑とは無関係にすでに存在し，それ等によって変化しないからです．再分析は，同時事後分布を，別の観点から眺め直すだけの行為ですから，ルール違反 [*4)] ではありません．むしろ同時事後分布にすでに埋まっている知見という名の未知の宝を根気よく探します．

[*4)] 有意性検定の場合は，事前登録していない下位検定を後から実施すると，意図が変化し標本分布が変わりますから，ルール違反となります．

7.2.2 MCMC によって事後分布が求まると天下りで暗記した学習者の場合

RQ.1 減量の効果量を (3.9) 式ではなく，(3.8) 式で評価してほしい

承知しました．(3.8) 式と (3.9) 式の両方で評価します．(3.8) 式の分母の群内標準偏差の事後分布は，2 群の分散の平均を用い

$$\sigma_{\text{内}}^{(t)} = \sqrt{(\sigma_b^{2(t)} + \sigma_a^{2(t)})/2} \tag{7.6}$$

で近似できます．(3.9) 式の分母の体重差の標準偏差 [*5)] の事後分布は

$$\sigma_{\text{差}}^{(t)} = \sqrt{\sigma_b^{2(t)} + \sigma_a^{2(t)} - 2\sigma_{ba}^{(t)}} \tag{7.7}$$

で近似されます．したがって (3.8) 式と (3.9) 式の事後分布は，それぞれ

$$\delta_{\text{内}}^{(t)} = \frac{\mu_b^{(t)} - \mu_a^{(t)}}{\sigma_{\text{内}}^{(t)}}, \qquad \delta_{\text{差}}^{(t)} = \frac{\mu_b^{(t)} - \mu_a^{(t)}}{\sigma_{\text{差}}^{(t)}} \tag{7.8}$$

という生成量で近似されます．肩の (t) を除けばお馴染みの式です．要するに MCMC の原理を全然知らなくても，定義式さえ理解していれば，文系の学生でも母数の関数の事後分布は容易に自力で導出できます．

RQ.2 減量を測定単位で，ポジティブに評価してほしい

ダイエット前後の体重変化の平均値の事後分布は

$$\mu_{\text{差}}^{(t)} = \mu_b^{(t)} - \mu_a^{(t)} \tag{7.9}$$

で近似されます．集団の平均値差ばかりでなく，個人の体重差の分布を考察したい場合には，体重差 $x_{\text{差}}$ の事後予測分布

$$x_{\text{差}}^{*(t)} = x_b^{*(t)} - x_a^{*(t)} \tag{7.10}$$

を求めます．ただし＊のついた体重の事後予測分布は 3 変数正規乱数を用い

$$(x_b^{*(t)}, x_a^{*(t)}, x_h^{*(t)}) \sim \text{multi\_normal\_rng}_3(\boldsymbol{\mu}^{(t)}, \boldsymbol{\Sigma}^{(t)}) \tag{7.11}$$

のように身長の事後予測分布 $x_h^{*(t)}$ と一緒に求めます．

RQ.3 減量を肥満度で評価してほしい

肥満度 BMI の定義式は

[*5)]　体重差の分散は以下のように求めます．$V[x_b - x_a] = E[(x_b - x_a - (\mu_b - \mu_a))^2] = E[((x_b - \mu_b) - (x_a - \mu_a))^2] = E[(x_b - \mu_b)^2 + (x_a - \mu_a)^2 - 2(x_b - \mu_b)(x_a - \mu_a)] = \sigma_b^2 + \sigma_a^2 - 2\sigma_{ba}$

$$\frac{\text{kg で測定した体重}}{\text{m で測定した身長の 2 乗}} \tag{7.12}$$

です. したがってダイエット前後の BMI の事後予測分布は, それぞれ

$$\mathrm{BMI}_b^{(t)} = \frac{x_b^{*(t)}}{(x_h^{*(t)}/100)^2}, \qquad \mathrm{BMI}_a^{(t)} = \frac{x_a^{*(t)}}{(x_h^{*(t)}/100)^2} \tag{7.13}$$

によって近似できます. ダイエット前後の BMI の差の事後予測分布は

$$\mathrm{BMI}_{差}^{(t)} = \mathrm{BMI}_b^{(t)} - \mathrm{BMI}_a^{(t)} = \frac{x_b^{*(t)} - x_a^{*(t)}}{(x_h^{*(t)}/100)^2} \tag{7.14}$$

で近似されます. 100 で割っているのは cm から m への単位変換です.

7.3　phc は分析結果の意味を実感できる

前項で導入した指標の事後分布と予測分布の要約統計量を表 7.3 に示します.
RQ.1 減量の効果量を (3.9) 式ではなく, (3.8) 式で評価してほしい

集団内の体重の散らばり $\sigma_内$ の EAP 推定値は 5.03 kg です. 平均減量 $\mu_差$ の
EAP 推定値は 1.98 kg です. $\mathrm{phc}(0.30 < \delta_内) = 0.95$ ですから, 95% の確信を
もって「平均減量は集団の体重の散らばりの 30% 以上である」と言明できます.
ベイズ的アプローチを用いれば, 通常は独立した 2 群の実験データからしか得ら
れない知見も, 対応ある 2 群の実験データから簡単に得ることができます.

減量の散らばり $\sigma_差$ の EAP 推定値は 0.63 kg です. $\mathrm{phc}(2.40 < \delta_差) = 0.95$ で
す. 95% の確信をもって「平均減量は減量の散らばりの 2.4 倍以上である」と言
明できます.

表 7.3　指標の事後分布と事後予測分布

	EAP	post.sd	0.05	0.5	0.95
$\sigma_内$	5.03	0.77	3.93	4.94	6.44
$\sigma_差$	0.63	0.10	0.49	0.62	0.81
$\delta_内$	0.40	0.06	0.30	0.40	0.51
$\delta_差$	3.23	0.51	2.40	3.22	4.09
$\mu_差$	1.98	0.12	1.79	1.98	2.17
$x_差^*$	1.98	0.65	0.92	1.98	3.04
BMI_b	21.1	0.70	19.9	21.1	22.3
BMI_a	20.3	0.80	18.9	20.3	21.6
$\mathrm{BMI}_差$	0.82	0.29	0.36	0.80	1.31

0.3 倍と 2.4 倍では，全然異なった倍率です．ベイズ的アプローチを用いれば，1 つのデータからまったく異なる 2 つの知見が得られるので，被験者間と被験者内からの知見の違いが明確になります．対して有意性検定では，対応ある 2 群の差の実験計画と独立した 2 群の差の実験計画とで，それぞれの知見しか得られません．このため両者が与える知見がまったく異なっていることが，学習者に認識されにくい状況 [*6)] が生まれます．

RQ.2 減量を測定単位で，ポジティブに評価してほしい

phc$(1.79 < \mu_\text{差}) = 0.95$ ですから，95％の確信で「このダイエット法の平均減量は 1.79 kg 以上である」と言明できます．ただしこの言明は，参加者個人に対する知見ではありません．あくまでも母数 $\mu_\text{差}$ に関する知見です．個人に関しては，phc$(0.92 < x^*_\text{差}) = 0.95$ ですから，95％の確信で「このダイエット法に参加した個人の減量は 0.92 kg 以上期待できる」と言明できます．

もちろん「このダイエット法には効果がない」という phc も計算できます．たとえば ROPE として「1 か月後の体重変化の平均値が ± 1 kg」[*7)] としてみましょう．このとき phc$(-1.0 < \mu_\text{差} < +1.0) = 0.000$ となりました．この前提の下で「このダイエット法には効果がない」という仮説が正しい確率は 0.0％であると言明できます．その他の指標でも同様に「ROPE であるという仮説が正しい確率」を計算できます．大切なことはドメイン知識を利用して，非統計学的に ROPE の基準点を評価することです．

RQ.3 減量を肥満度で評価してほしい

phc$(0.36 < \text{BMI}_\text{差}) = 0.95$, phc$(0.80 < \text{BMI}_\text{差}) = 0.50$, phc$(1.31 < \text{BMI}_\text{差}) = 0.05$ でした．このダイエット法に参加すると，BMI が 0.36 以上減少する確率は 95％，BMI が 0.80 以上減少する確率は 50％，BMI が 1.31 以上減少する確率は 5％であると判断されます．

肥満度 BMI は，平均や標準偏差のような統計学の指標ではなく，医学的指標です．実質科学の研究分野には，必ずしも統計学とは直接関係のない指標が星の数ほどあります．

[*6)] 異なった知見を得る実験デザインなので，比較できないはずなのに，「対応ある 2 群の差のほうが独立した 2 群の差より，有意差をゲットしやすい」などと，二義的な内容が暗記されるケースが少なくありません．この勘違いは，有意差ゲットが，過度に目的化していることから生じた弊害です．

[*7)] 1 kg の減量は医師が口にした目標ですから，本来 ROPE ではありません．分析者に不利な方向に，余裕をもって ROPE を指定したのに，「このダイエット法には効果がない」という仮説が正しい確率はゼロだったということです．

ベイズ的アプローチを採用すると，定義式から事後分布や予測分布を近似できる
ケースが少なくありません．統計分析の学習者のほとんどは統計学者にはなりま
せん．そして実質科学分野で活躍するうちに，統計学者の知らない指標の事後分
布や予測分布を自分で工夫して，自身の教授者を易々と乗り越えていくことが可
能です．それこそが統計学と実質科学の対等なパートナーシップではないでしょ
うか．でも自分で工夫できない有意性検定では，その夢は叶いません．

7.4　phc 曲線の性質

各種の phc 曲線を図 7.1 に示します．

図 a は群内標準偏差 $\sigma_{内}$ によって標準化された平均値差 $\delta_{内}$ の事後分布の phc
曲線です．大きいほうが望ましい指標ですから，$phc(c < \delta_{内})$ が描かれており，
曲線は単調減少関数です．

図 b は体重差の標準偏差 $\sigma_{差}$ の事後分布の phc 曲線です．ダイエット法は得

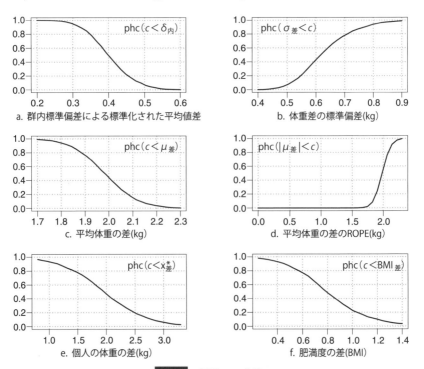

図 7.1　各種 phc 曲線

られる効能が安定しているほうが望ましい，という側面があります．phc($\sigma_差 <$ 0.81) $= 0.95$ ですから，95％の確信で「減量の散らばりは 0.81 kg 以下である」といえます．小さいほうが望ましい指標ですから，phc($\sigma_差 < c$) が描かれており，phc 曲線は単調増加曲線です．

図 c は平均体重の差 $\mu_差$ の事後分布の phc 曲線です．大きいほうが望ましいので単調減少関数です．これまでの図 a, b, c は事後分布の phc 曲線ですから，n の増加に伴って緩慢な形状から急峻な形状に変化します．その意味を，図 c で考えてみましょう．

研究者が労を惜しんで n が小さいと，横軸の値 c が大きい領域では，緩慢な単調減少関数の phc は決して大きくなれません．このため n が小さいことによる不安定さのために，分析者の間違った主張が通る危険はきわめて小さくなります．言い換えるならば，n が小さいと分析者の主張は通りにくいということです．研究の価値の証明責任は，原則的に分析者の側にあるのですから，この特徴はきわめて合理的です．

n が大きくなるに応じて，曲線の形状が急峻になるということは，任意の c における phc が 0 か 1 に近づく[*8] ことを意味します．このため n が大きくなると，分析者の主張・立場とは関係なく，明確な判断が可能[*9] になります．データは情報です．適切なデータは，多ければ多いほどよいのです．ここが，「データが多過ぎては無意味でも有意」などという奇妙な性質を有する有意性検定との決定的な相違です．

図 d は，図 5.3，図 6.2 右図に準じて描いた phc($|\mu_差| < c$) の phc 曲線です．この場合は横軸の c が ROPE の片側幅です．$c = 1.7$ 付近まで phc は，事実上 0 です．図 d は，このダイエット法に実質的な効果があることを積極的に示しています．

もしダイエット法がインチキである場合には，n が増加するにつれて，図 d の立ち上がりは左に移動します．したがって，インチキなダイエット法に実質的な効果がないことも積極的に示せます．ただし ROPE の phc 曲線は，必ず座標 $(0,0)$ が始点です．ベイズ的アプローチを用いても，phc($\mu_差 = 0$) $= 0$ であることを忘れると，神の見えざる手に捕まります．

図 e は個人の体重の差 $x^*_差$ の事後予測分布の phc 曲線です．図 f は肥満度の差

[*8] もちろんその分岐点は，必ずしも現時点の $n = 30$ における phc$= 0.5$ を与える c とは限りません．

[*9] 図 5.4 を復習してください．

BMI$_{差}$ の事後予測分布の phc 曲線です．図 e,f は予測分布ですから，n の増加に伴って急峻な形状になるわけではなく，より正確な予測を可能にする曲線に近づきます．事後分布による phc 曲線と事後予測分布による phc 曲線とは，このような相違がありますから，注意してください．

基準点 c の価値はドメイン知識に依存しており，統計学とは無関係です．同様に特定の c から計算された phc の評価もドメイン知識に依存しています．前項では phc の値として 95% や 50% を利用しました．しかしこれは例示に過ぎません．確信の度合いは分析者・査読者・読者の立場や考え方に依存します．目覚ましい利益や，画期的なアイデアの場合は特定の基準点 c に対する phc が低くても，可能性を開く論文として採択すべきでしょう．

有意性検定とは異なり，基準点を定め，検定力分析をして n を予め定める必要はありません．神の見えざる手に捕まりますから，基準点をゼロ (または効果なし) として考察してはいけません．

しかしデータをとる前にも後にも，分析者は基準点 c の値を特定する必要はありません．基準点 c と phc の関係を集約して可視化した phc 曲線を示せばよいからです．phc 曲線を観察することにより，横軸の指標に関する総合的な価値評価が可能です．

7.5   これからの統計教育

統計学の教程を文科系学生に教授する場合には，数学的証明の一部を省略することが学習系列の中で必須となります．天下りを避けては通ることはできません．天下りとは，数学的証明や式の導出なしに，当該内容を学生が暗記することです．

7.5.1   天下りと学習性無力感

有意性検定の入門的教育では，正規分布，t 分布，F 分布，χ^2 分布に従う検定統計量が登場します．これらの検定統計量は大学レベルの解析学の知識がないと導出できません．このため文科系の学生には，天下り的に検定統計量を暗記させる必要が生じます．この避けることができない検定統計量の天下りは，他の有意性検定へ応用がまったく利かないという意味で単純な暗記です．応用が利かないので，後に必要となった習っていない検定は，本で調べてまた暗記しなくてはなりません．検定統計量の天下りは，結果として自律的な思考を妨げてしまいます．

以下は，学習性無力感 (learned helplessness) に関する著名な実験 *10) です．

┌─ ●●● セリグマンの犬の実験 ●●● ─────────────

犬を逃げられない状態に固定して，四肢に強い電気ショックを繰り返し与える実験を行う．犬は必死にもがいて最初は逃げようとする．しかし次第にあきらめて，力なく痛みに耐え続けるようになる．

次に，犬を固定具から解放し，低い柵で仕切られた2つの区分からなる部屋に入れる．この部屋では，予告灯の点灯後に犬のいる区分の床にだけ電流が流れる．犬は柵を飛び越えることで容易に別の区分に避難することが可能である．しかしその犬は，もはや予告灯にもまったく反応せず，痛みに耐え，電気ショックを受け続ける．無力感それ自体を学習してしまったからである．

本章に登場した A 氏はセリグマンの犬です．他者との比較が必要だと言われても，(3.9) 式による比較しかしようとしません．それは検定統計量を，単純に暗記させられる教育を受け続けたからです．「お前なんかには，どうせ z 値も t 値も F 値も χ^2 値も暗記しかできない」という教示を繰り返し提示され続けると，文科系の学生は学習性無力感に陥ってしまいます．非統制感と無力感自体を学習してしまいます．「統計学はデータ分析のための単なる道具であり，ツマラナイ手続きの集まりを暗記する学問である」との印象を有してしまいます．自分で分析法を工夫することなど，端から考えもしない学生が育ってしまいます．その意味で学生はセリグマンの犬になってしまうのです．統計学は生成量や尤度を使って工夫する余地がたくさんある楽しいわくわくする学問なのに，残念でなりません．

7.5.2　天下りと統制感・有能感

天下りは必ずしも手抜きや妥協であるとは限りません．文科系学生にとっては道筋が単純化されるので，教育的に適切である場合も少なくないのです．「そういうものだ」と結果だけを正確に知っていることが，大切な教科内容もあります．

ベイズ統計の初等的学習過程で最も数学的に高度な単元は MCMC です．文科系の学生に対する初等的統計教育では，MCMC を「事後分布を乱数で近似する方

───────────────────

*10)　Seligman, M. E. P., Maier, S. F. & Solomon, R. L. (1971) Unpredictable and uncontrollable aversive events. In F. R. Brush (Ed.), *Aversive Conditioning and Learning.* New York: Academic Press, pp.347-400.

法である」と天下り的に暗記させるケースが多くなります．でも MCMC の原理
自体は *11) 知らなくても，データ分析・モデル構成には何の支障もありません．
教師から習わなかった指標の事後分布を必要に応じて求めたり，尤度によって現象
を表現する工夫をするために MCMC の数学的原理はまったく関係ないからです．

　平均値の差の生成量の事後分布を理解した学生は，習わなくても，必要に迫ら
れれば変動係数 (σ/μ) の事後分布も求められます．特殊な研究にしか出てこない
指標も定義式があれば分布を求められます．たとえば先の例では，肥満度 BMI の
分布を導いていました．「定義式が分かれば推測統計的考察の可能性が開ける」と
いう性質はベイズ的アプローチの特筆すべき長所です．この性質を適用すること
によって，様々な実質科学における分析が飛躍的に発展するでしょう．

　このような自律的成長は有意性検定ではまったく期待できません．決まりきっ
た手続きを暗記するだけでなく「自分自身で分析方法を工夫することが可能であ
る」という統制感・有能感を学習できる点が，尤度によるモデリングの最大の教
育的メリットです．「本当だろうか」と思った読者の方は，分析者自身でモデルを
工夫・改良する実例 [18] [19] をご参照ください．

7.5.3　データの生成過程をモデル化できるという有能感・統制感の育成

　これからの統計教育は「この興味深い現象は，どのように生成され，データと
して自分の眼前に現れたのだろう」という瑞々しい疑問に尤度を使って応える知
識・技能・興味の育成にあります．言い換えるならば，確率分布によってデータ
の生成過程をモデル化する能力を獲得してもらうことです．実は，これはパズル
のように楽しい，比類なく，わくわくする知的活動です．

　しかし有意性検定から入門した多くの学生は，尤度によって現象を考える分析
パラダイムを身に着けることができないまま統計教育を終えてしまいます．初等
的な統計教育には潤沢な時間・単位が与えられているわけではないからです．教
える内容は厳選しなくてはなりません．有意性検定の教育は過去の論文を読める
程度に留め，寄り道せず，最初から「尤度を使ってデータの生成過程を考える」
教育を行うべきです．尤度原理に基づく教育をすべきです．

---

*11)　知的好奇心のある学部生には，数 II の微積分の知識があれば MCMC の本質を講義できます．文
　　献 [15] の第 4,5 章を参照下さい．学部生でも MCMC の本質を納得できます．MCMC の数学レ
　　ベルを山の高さに例えると昼食後の腹ごなしに登る裏山程度です．対して検定統計量の導出は格段
　　に難解です．筆者を含め「標本分布を何でもスラスラ導ける統計学者はほぼいない」といって過言
　　ではありません．山の高さに例えた数学レベルはエベレスト以上です．分析の必要に応じた自力で
　　の自由な導出は不可能ですから，避けようもなく心理の学生はセリグマンの犬になります．

8 改ざんと隠ぺい

黒洞洞たる闇の広がり

　第1部で提起した問題は，第2部でおよそ解決されました．ただしその解決法は，分析者・投稿者の側に悪意がないことを前提としています．言い換えるならば，ここまでは，良心に従って研究している分析者が直面する困難と，その解決法について論じてきました．しかし研究の再現性は，むしろ悪意によって，大きく阻害されます．最終章である本章では，悪意ある行為と統計的結論の関係について解説します．

8.1　改　　ざ　　ん

　研究の再現性を損なう最大の脅威はデータの改ざんです．データの改ざんとは，実際に得られた測定値とは異なる値にデータを書き換える行為です．たとえば，ダイエット実験データ (表2.1) の本当の「体重差 (kg)」のソートされたデータは

-4.4,　-2.5,　-1.9,　-1.1,　-1.1,　-0.8,　1.0,　1.1,　2.6,　2.7,
2.8,　4.7,　4.7,　4.8,　5.5,　6.3,　7.1,　7.3,　7.6,　8.4

でした．このうち最初の6人はダイエット中に太っています．ダイエット法の効果を立証する実験では，このデータは不都合です．そこでたとえば，6人分のデータの負の記号をとって，痩せていないのに痩せたことにしてしまうのが，データの改ざんです．

　あるいは治癒してない患者が，全快したようにデータを書き換える行為もデータの改ざんです．改ざんには悪意があるケースが多いと考えられます．改ざんによる不正行為が報告されることは，残念ながら少なくありません．内部告発や実験ノートの開示や追試実験などで，幸いにも改ざんが露見することがあります．しかし原則的に，統計的方法は改ざんに対して無力です．有意性検定はもちろん，仮説が正しい確率 PHC も，改ざん防止・発見に関しては，ほとんど何も貢献できません．さらに始末が悪いことに，悪意さえあれば，改ざんは実行が容易です．

章の冒頭から白旗をあげて情けないのですが，データが改ざんされると，統計学はほぼ，お手上げ状態です．どのような統計分析を行うかによらず，データ分析に携わる者の見識として，データの改ざんは厳禁です．絶対にしてはいけない行為です．

8.2 隠　　ぺ　　い

研究の再現性を損なうもうひとつの脅威はデータの隠ぺいです．データの隠ぺいとは，観察されたデータの一部を報告しない [*1)] 行為です．隠ぺいにも悪意があるケースが多い [*2)] と考えられます．

たとえば先の「体重差 (kg)」のデータに関して，「ダイエット中なのに太ったのは，真面目に実験に参加していなかったからだ」と考えます．「本方法は真面目に参加する人を対象としているから」などと理由を後からつけて，負の値の 6 人を外れ値とみなし，分析から除外する行為がデータの隠ぺいです．

データの改ざんは，良心への呵責に抗して，あえて実行される積極的な行為です．行為者は罪悪感を実感します．それに対して，データの隠ぺいは「見なかったことにする」消極的な行為です．このため隠ぺいは罪悪感が減じられます．だからこそ余計に性質 (たち) が悪いともいえます．さらに複数の変数や時期に渡った以下の例では，無自覚のうちにデータが隠ぺいされることすらあります．

8.2.1　変数を間引く隠ぺい

2 群の被験者から多数の基準変数を測定します．たとえばある健康法を行った群と，対照群とを比較するときに，血圧・体重・体脂肪率・爽快感・抑うつ感…から，果ては実験期間中に「菓子のクジに当たった回数」「楽しい夢を見た回数」まで，数十の変数を測定したとします．全部の変数に関して 1 つ 1 つ差の有無を調べ，差があった変数に意味づけして解釈し，それだけを報告します．残りの変数は最初から無かったものとして報告しません．これが，変数を間引くデータの隠ぺいです．

phc(研究仮説) は何種類計算しても補正の必要はありません．有意性検定とは

[*1)]　逆に分析者の主張に沿ったデータを選ぶ行為をチェリーピッキングといいます．またそのデータをチャンピオンデータと呼ぶこともあります．

[*2)]　たとえば，定期テストが返却された際に，80 点以上のテスト結果だけを親に見せ，それ以下のテストを捨ててしまう小学生は，データ隠ぺいの効果をよく知っているし，それがズルであることも知っています．

異なり，多重性問題からは解放されています．補正の必要がない性質は手間が省けて便利です．ただし phc(研究仮説) を膨大に算出すれば，その一部で当該学問における正しい知見との不整合は生じます．当該期間に，たまたま実験群のほうが，棒アイスのクジに当たる回数が多いこともあるでしょう．たまたま楽しい夢をたくさん見ることもあるでしょう．

　でも正直にすべてのデータが開示されていれば心配はありません．「これだけたくさん変数を測定して確率的言明をしているのだから，一定の割合で不整合は生じるだろう」という自然な直感が働きます．確率的言明とは，本来的にそのようなものです．

　多変数の同時尤度から計算された同時事後分布は，その存在を変化させずに報告しなくてはいけません．変数を間引くことは，実際のデータ生成メカニズムとは異なった尤度からの事後分布を示すことになります．このため尤度原理が働かなくなります．上述の自然な直感が及ばなくなるという意味で，データの改ざんには PHC を用いても対処できません．

8.2.2　時期を選ぶ隠ぺい

　表 2.1 と同様のダイエットの実験に実質的な効果がまったくなかったとします．しかし毎月のように粘り強く同様の実験を繰り返せば，いつか効果がみられる実験データが観察されるかもしれません．このとき最後の実験データだけを報告します．残りの実験は最初からなかったものとして報告しません．これでは実際にはない効果が，あるように見えてしまいます．これが，時期を選ぶデータの隠ぺいです．一連の長いデータの系列を見た後に，都合のよい一部だけを選び出し，それがあたかも正しく，確率的に単独に観察されたかのように装っています．これでは尤度がデータ生成の実態を表さず，正しい phc(研究仮説) は計算されません．

　時期を選ぶ隠ぺいは，変数を選ぶ隠ぺいと比較して，根深い問題を有します．原則的に論文の著者は，以前にどんな実験をやったのかを記述する義務がありません．査読文化には，失敗した実験を報告する義務もありません．だから良心が痛みにくいのです．

　もし毎回の実験が，条件を少しずつ変えて実施されていたとすると，問題はさらに深刻になります．この場合は，表面上それぞれ違う実験をしていたことになります．こうなると実験者は，もうまったく罪悪感を感じません．たとえば実験群の被験者の T シャツの色を毎回変えるなど，まったく意味のない実験条件の変更だとしても，実験者がそれぞれを違う実験だと信じていれば，もはやデータの隠

ぺいとはいえないのかもしれません．しかし実験の再現性は確実に棄損されます．

8.3　ハーキングと隠ぺい

データを見てから研究仮説を構築することを**HARKing** (Hypothesizing After the Results are Known, ハーキング) といいます．綴りを読むと，HARKing 自体にはネガティブな意味合いはありません．しかし有意性検定では，データ改ざん・隠ぺいの有無に係わらず，HARKing はルール違反です．データを見てから成功しそうな仮説を検証するための検定を付け加えてはいけません．当初意図した本来の標本分布が変化し，その検定は見かけ上「意図１人間」とまったく区別がつかないゾンビ的検定になるからです．合併症として多重性問題も発生します．このため本来の p 値は報告されません．

PHC を利用する場合には，やっていい HARKing と，いけない HARKing に分類できます．推奨される HARKing の例を，第 7 章のダイエットデータで解説しましょう．説明のために仮に，最初は，美容ダイエットの効果を評価するつもりで，表 7.1 のデータを収集したとします．美容は他者との相対的比較の側面があります．そこで当初の目論見通りに (3.8) 式の $\delta_{内}$ でダイエットの効果を評価しました．しかし phc$(0.3 < \delta_{内}) = 0.95$ しか確信がもてません．結局，美容法としての効果が不十分との判定をされてしまいました．このままでは実験が失敗ということになります．

せっかくのデータを何とか生かすべく，HARKing して，減量の安定度の観点から価値を見出そうとしました．この過程で，データを見た後に (3.9) 式の $\delta_{差}$ で効果を評価し直したとします．すると大きな効果 phc$(2.40 < \delta_{差}) = 0.95$ が新たに発見されました．そこで当初の研究方針を転換し，生活習慣病予防のダイエット法として論文を書き直します．これは推奨される HARKing の例です．

改ざんも隠ぺいもない同時事後分布は，研究仮説の着想の有無とは独立です．したがって PHC は，後から思いついた仮説であるか否かに影響されません．要するに第 7 章までの範囲では，HARKing による PHC の計算は正当な研究方法です．HARKing したことを論文中で告白することは正直な行為です．ただし告白の有無は確率評価に影響しません．

しかし上述のような改ざん・隠ぺいと組み合わされると，同時事後分布が変化します．分析者に都合のよい phc(研究仮説) を報告する行為はルール違反になります．HARKing に限らず，PHC を使用する際には，自身の行為が同時事後分布

を変化させているか否かに着目することで，やってよいこととイケナイことの判
断が可能になります．

8.4　事前登録制度の再考

8.4.1　隠ぺいがない場合の事前登録に関する復習

　有意性検定を行う分析者は，データ収集前に，検定力分析によって予め n を定
める必要がありました．データ収集の途中で算出した p 値が 5% を切ったからと
いって，途中で収集を打ち切ってはいけません．予定通りの n で算出した p 値が
5% を上回ったからといって，それ以上データを取り増してもいけません．有意性
検定は，正しく実行しようとすると，このようにとても大変でした．

　しかし本当に深刻なのは，不便な性質それ自体ではなく，正しく適用した事実
を容易には示せないことでした．ルール違反の適用に物証が残らないことでした．
予め定めた n で実行した正当な「意図 1 人間」なのか，それ以外の意図に基づくゾ
ンビなのかは，最終分析結果からは見分けることが不可能です．仮に生データを公
開しても，もはや区別がつきません．したがって「これはゾンビ的検定ではない」
ことを主張するためには，根拠に基づいた n を予め事前登録する必要があります．
n が固定されていれば，仮に p 値を覗き見しても，その知見を活かせないからで
す．数理的性質に基づく要請ですから，査読に限らず，卒論でも，学会発表でも
有意性検定には事前登録が必要です．適用場面によらず事前登録の証明書と常に
セットでないと有意性検定は信用できません．このため事前登録した事実を，事
後，永久に保証する必要があります．これは反語です．Don't Say "Statistically
Significant"．普段使いに，あまりにも面倒くさい手続きを要求する欠陥のある有
意性検定は使用を禁止すべきです．

　それに対して，PHC の使用に際しては，データ収集前に予め n を定める必要が
ありません．n は様子を見ながら自由に決められます．n が小さければ，研究の
価値を示す責任がある分析者の主張は通りにくく，n が大きければ，分析者の立
場に関係なく真偽が示されやすくなります．したがって第 7 章までは，PHC を
使用する限りにおいて，研究の事前登録は必要ありません．

8.4.2　事前登録における p 値と PHC の相違

　しかし前節で学習したように，PHC を用いても，データの隠ぺいは研究の再現
性を脅かします．隠ぺいによる弊害を防ぐためには，「変数・水準・属性・集団・

測定方法・分析モデルその他, 実験や調査の詳細な手続き情報」を事前登録することが効果的です. 詳細な実験・調査の手続き等の情報を事前に第3者に登録しておけば, 多くの隠ぺいを防ぐことができます. 登録した内容に関しては「やらなかったこと」にできないからです. PHC を利用する場合にも, 研究の再現性を担保するためには, 事前登録が有効です.

有意性検定を実施するためには, 隠ぺいなどの悪意がなくても, 根拠に基づいた n を事前登録する必要がありました. 有意性検定の事前審査には検定力分析と多重比較と逐次的検定の全般的知識が必要になります. このため統計学を道具として利用している分野 (たとえば医学・心理学) の学術誌ごとに, その知識を十全に有する査読者を用意することは, とても大変です. これも反語です. そんな査読者は用意できません. したがって事前登録制度では有意性検定による弊害を防げません. Don't Say "Statistically Significant". 再現性のない論文をストップさせるために, 有意性検定は使用を禁止すべきです.

しかし PHC は予め n を事前登録する必要がありません. 検定力分析や多重比較や逐次的検定の知識が必要ありません. 上述のような研究の手続き情報のみを事前登録すれば, 隠ぺいの脅威から逃れられます. 言い換えるならば, 事前審査には, 当該雑誌の実質科学的知識 (たとえば医学・心理学の知識) があれば十分だということです. このため PHC を用いると, 査読者の調達が容易になり, 雑誌の編集委員会は事前登録システムをスムーズに運用できます.

8.4.3 公表バイアスと査読付き事前登録制度

上述したように研究の事前登録には一定の審査が伴います. さらに一歩進めて「査読まで済ませ, 査読に通った事前登録論文は, すべて公表する」という制度も存在します. 公表を確約した査読付き事前登録制度の利点は, 公表バイアスを解決できる点にあります. たとえばある病気の治療法の効果を, 世界中で独立に検証したとします. 個体差や実験状況や確率的変動により, 効果が見られた研究, それほど見られない研究, まったく見られない研究等にバラツキます. このとき効果の見られた研究は公表されやすく, 効果の見られない研究は失敗とみなされ, 程度に応じて公表されにくい傾向が生じます. すると全体としては, 実際よりも治療効果が高いように学会には認識されてしまいます. これを公表バイアスとか, 出版バイアスとか, お蔵入り問題といいます.

公表を確約した査読付き事前登録制度には, 改ざんや隠ぺいを防止できるメリットもあります. どんな結果でも論文として公表されるのなら, データの改ざんや

隠ぺいというリスクを冒す必要がなくなるからです．悪意を抱く動機がなくなります．しかし，公表を確約する制度が十全に機能するのは，定まった治療法の効果を見積もるなど，学会で広く知られたテーマの効果を評価する場合です．効果のない研究までもが，学術的に意味をもつ場合だけに限定されます．

たとえば全く新しい抗がん剤を見つける研究では，候補となる物質をマウスに投与して結果を見ます．もちろんでたらめに投与するのではなく，先行研究から，ある分子構造をもつ一群の期待できる物質群を候補にあげます．動機・仮説・実験計画の観点から完璧です．査読付き事前登録にも通るでしょう．しかし数千の物質から効果のある抗がん物質は1つあるかどうかです．効果のなかった物質の実験を論文として公刊していては査読誌のSN比（Signal-to-Noise ratio）が悪くなります．

多くの学問分野では，オリジナルの現象を発見しようと努力する研究者は動機・仮説・実験計画の観点から完璧でも，抗がん剤発見と同様に，本当に意味のある結果はなかなか得られません．失敗した論文を学術誌に掲載していては，役に立たない論文の洪水になってしまいます．したがって公表を確約した査読付き事前登録制度は，限定的にしか機能しません．

8.4.4 PHCと事前登録

アメリカ統計学会の決定に従い，有意性検定は早急に禁止すべきです．それを前提として，最後にPHCと事前登録の関係を述べます．実験や調査の詳細な手続き情報の事前登録は，隠ぺいに対して一定の効果を有します．しかし事前登録を論文採択の必要条件にすることは，必ずしも適切ではありません．必要条件とした途端に，それをすり抜けようとする悪意が育まれるからです．悪意を前提とするならば，如何なる事前登録をしてもデータそのものを改ざんできます．悪意に対しては事前登録システムも，如何なる統計分析も無力です．したがって事前登録の強制は再現性問題解決の特効薬にはなりません．経済活動における取引が信用という概念の下で運用されるように，研究活動も原則的には信用を基盤としないと，そもそも査読システムは社会コスト的に釣り合いません．

人間の心には弱い面があります．都合の悪いデータを見なかったことにして，ついつい隠ぺいしてしまう弱さです．ダイエットに臨む際に，弱い自分の心に克つために，周囲から甘味を物理的に遠ざける人がいます．同様に隠ぺいの誘惑に負けないように，研究計画や研究経過を自発的に登録することは効果的です．すでに自発的事前登録用のサイトは存在しますし，自分のHPから実験ノートを発

信してもよいのです．克己のための自発的行動であるときに，事前登録は，自身にも周囲にも大きな効果を発揮するでしょう．でも周囲や査読者にアイデアを盗まれる可能性は高まります．

　研究とは，そもそも報われることの少ない活動です．発見のためには，少なくとも，自身の閃きを信じ，条件を変え，対象を変え，探索的に，臨機応変にもがき苦しむ過程が必要です．機動的な研究活動にとって事前登録など，ないほうが良いに決まっています．事前登録のコストのために発見できなかったり，アイデアを盗まれたり，遅れをとれば，本末転倒です．改ざん・隠ぺいがなければ，有意性検定とは異なり，PHC には事前登録が必要ありません．大切なことは，言うまでもなく，あなた自身が，役に立つ・意外な・効果の大きい現象を早く発見することです．そのとき，事前登録の必要ない PHC は，善人であるあなたの機動的な研究活動に貢献します．

8.5　瀕死の統計学を救え！

　統計学とは異なり，AI (人工知能) 分野では，発展の当初から科学的進歩の十分条件が研究目標でした．たとえば囲碁 AI は「無作為に碁石を置いている」などという仮説は棄却しません．初段に勝てる等の学術的進歩の十分条件を目標に掲げます．また (株価上下の) 未来予知の AI は「予想的中率 50%」の棄却など，端から相手にしません．売買利益率等の明確な進歩の十分条件を研究目標とします．当然です．統計学と AI の，この違いは，いったい何処から来るのでしょう．

　灰色雁は，孵化して最初に見たヒトを親鳥と思い込み，後を追うようになり，もはや修正は困難だそうです．動物行動学では，これを刷り込み (刻印付け，imprinting) といいます．初期経験は斯くも重要です．現在の統計学は，入門的教材で「研究は必要条件の確認でよい」という最悪の刷り込みを行っています．

　入門的教材が刻印付けした「十分条件を目指さない誤った研究パラダイム」は，灰色雁のごとく，多くの研究者において生涯修正されません．このままでは役に立たない道具として，統計学は科学から見捨てられ，AI 研究に駆逐されます．瀕死の統計学は本当に死んでしまいます．このミステリー小説はノンフィクションです．しかも現在進行中で未完です．有意性検定から脱却したカリキュラムへの変更が急務です．

Q & A

Q1　筆者は頻度論を否定していますか

いいえ，筆者も本書も頻度論を否定していません．これまで共分散構造分析 (構造方程式モデリング)，項目反応理論を中心に，一貫して尤度原理に基づいて研究してきました．筆者は頻度論者でもベイジアンでもなく，両方使います．いま統計学が近隣科学に与えている迷惑の根源は，頻度論の 1 分野に過ぎない有意性検定にあります．有意性検定は，すでに時代的使命を終えています．雑誌 *Nature* で提言されているように「統計的有意性の概念全体を放棄」すべき時期であると筆者は考えています．

Q2　本書を読んだ後，どのように勉強を続けたらいいのでしょう

「データの生成過程を尤度によってモデリングできる」という有能感を育成することが，21 世紀の (とくに文科系の学生に対する) 統計教育であると筆者は考えています．本書の次には文献 [8] (あるいは [17] のどちらか) に進んでください．本書の内容と合わせて 4 単位になります．道筋はすでに作られています．そこまで学習が終われば，それ以降のベイズ統計学の教科書はすでにたくさん出版されています．尤度を使ったモデリングの事例は [18] [19] が参考になります．また **MCMC 法**の原理を学習したい場合には文献 [15] をお勧めします．

Q3　事前分布は主観的に選択されるので信用できません

事前分布は主観的に選択されています．しかし尤度を構成する分布 (二項分布や正規分布) も主観的に選択されています．有意性検定で使用されるデータ分布も主観的に選択されています．データ分析では，分析者の見識によって分布を主観的に選ぶ過程が必須です．

Q4　ベイズ因子を本書で推奨しないのはなぜですか

独立した 2 群の平均値の差の推測を例に挙げて，その理由を説明します．

(1) 現在主流のベイズ因子 (**BF**) は，t 検定と同様に，2 群の平均値が等しいモデル (M_0) と，等しくないモデル (M_1) を比較しています．M_1 は線の仮説を表現し，M_0 は点の仮説を表現しています．M_0 は M_1 に，確率論的に，ほとんど確実に (almost surely, a.s.) 被覆されています．点と線では次元が異なるのですから，実質科学に基づく比較は

できません．これだと n が小さいうちは M_0 に軍配を上げ，n が大きくなると科学的に無意味でも M_1 に軍配を上げやすくなる性質が生じます．p 値といっしょです．カッティングポイントが変わるだけで有意性検定と同様に，神の見えざる手に捕まります．

(2) 有意性検定の欠点の 1 つは，p 値を実質科学的に解釈できないことでした．BF の値も実質科学的に解釈できません．M_1 が M_0 より何倍良ければ M_1 を採用するかを，実質科学的文脈から決められません．結局 $p < 0.05$ に相当する根拠のない数値を定めねばならず，p 値の二の舞です．

(3) 事前分布の母数に BF は敏感に影響されます．たとえばコーシー分布や t 分布の尺度母数の値，一様分布の範囲を定める値に，敏感に影響を受けます．それなのに事前分布の母数の値を決める実質科学的根拠がありません．たとえば JASP というソフトが広まると，規定値として選ばれた尺度母数の値は，第 2 の 0.05 になってしまいます．

あるいは差があってほしい人，ほしくない人は，それぞれに都合のよい値を設定するでしょう．人情としては自然な帰結です．このためドメイン知識と関係ない所で，査読時に水掛け論が始まります．有意性検定は $p < 0.05$ の恣意性が欠点でした．対して BF では，そのカッティングポイントと事前分布の母数という，2 方向での実質科学に基づかない恣意性が生まれます．その意味では，さらに状況が悪くなります．

ちなみに事前分布として一様分布を採用し，尤度を十分に被覆してさえいれば，区間を変えても PHC の値はほとんど動きません．BF は大きく動きます．

Q5 p ハッキングという用語を使わないのはなぜですか

p ハッキングとは，学術的に有用でないのに，$p < 0.05$ を導いてしまう状態の総称です．神の見えざる手，ゾンビ問題，多重性問題によって p ハッキングが生じます．これらは PHC を用いて防止することが可能です．改ざん，隠ぺいによっても，p ハッキングは生じます．これらは PHC を用いても防止できません．隠ぺいによるチャンピオンデータから算出した PHC が高くても，結果は再現されません．状態の総称である p ハッキングという用語を使うと，防止できる原因と，防止できない原因を区別して議論しにくくなります．本書では，発生原因ごとに考察しています．

Q6   PHC を使うときに気をつけるべきことは何でしょう

1) phc を解釈する際には，たとえば「尤度に正規分布を，事前分布に一様分布を選んだ」等，数理的前提を受け入れた上での仮説が正しい確率であることを，決して忘れてはいけません．前提が妥当でなければ，その程度に応じて，phc からの解釈も妥当でなくなります．たとえば階層モデリングのように，複雑なモデルで PHC を扱う場合には「そもそもモデルがデータに合っているのだろうか」という観点が重要です．複雑なモデルを扱いたい人は，ぜひ，上級の教科書で**事後予測チェッ**

クや交差妥当化 (交差検証) の方法を学んでください. ただし本書の範囲, そして文献 [8] [17] までの範囲なら, モデルが単純ですから, あまり神経質にならなくても大丈夫です. 数理的前提があることは, phc も p 値や他の統計量と同じです.

2) 帰無仮説と同様に, まったく研究意義のない状態 (たとえば $\pi = 0.5$ 等) を基準点にすると神の見えざる手に捕まります. phc 曲線を解釈する場合も同様です. 学問発展の十分条件を満たす基準点を常に念頭に置きましょう.

3) 改ざんされたデータや, 隠ぺいを伴うチャンピオンデータから計算された phc は信用できません. データ生成過程を偽った phc は信用できません. 同時事後分布を変化させた phc は信用できません. 第 8 章を再読して下さい.

Q7　検定力分析は難しいので n だけ事前に決めさせたいです

卒論指導をする際に, 心理学の先生が何十種類もの検定それぞれに検定力分析を指導するのは不可能ですよね. 学生さんに n を事前に決めさせ, あなたが永久にそれを保証し, それに基づいて検定をすればゾンビにはなりません. 「意図 1 人間」でいるために, 検定力分析は必須ではありません. しかし, 学生から「先生には事前に n を決めさせられたけど, 結局あとから考えて, 検定力が足りずに無駄なことをさせられました (最初からダメだったんだ)」とか「先生には事前に n を決めさせられたけど, 結局あとから考えて, 有意だけど心理学的には無意味だった」と苦情をいわれる可能性があります.

ところで $n = 100$ と事前に決めたのに, 80 しかデータが集まらなかったら, それを理由にその学生を留年させるのでしょうか. 有意性検定に固執し, n を事前に決めるとは, そういうことですよ. その場合はぜひ「n を途中で変更してもいい, PHC という方法があるんだよ」と教えてあげてください.

Q8　確率分布といわれると, もうだめです

PHC も p 値も, 確率分布を教えずに済ませることは教科特性的に不可能です. 分散分析・クロス表まで有意性検定を教えるためには, 正規分布・2 項分布・多項分布・カイ 2 乗分布・t 分布・F 分布を教えなくてはいけません. 本書で主張する教程ならば正規分布・2 項分布・多項分布・一様分布だけで済ませられます. むしろ教授過程に必要とされる分布のハードルは, PHC のほうが低く抑えられます.

Q9　p 値と phc は値が一致する場合があります

p 値と PHC が一致したり, 単純な関数関係になるのは, 稀なケースです. 一般的には一致したり, 単純な関数関係にはなりません. また信頼区間と確信区間も, 一致するのは稀なケースです.

尤度が正規分布で構成され, 事前分布として十分に範囲の広い一様分布を選んだとき

に，意図や研究仮説によっては p 値と PHC が一致したり，単純な関数関係になる場合があることが知られています．しかし p 値は誤解しやすい解釈しか与えないのに対して，PHC は直感的に解釈できるのですから，同様な数値を示す稀なケースでも PHC を計算すべきです．

一致したり，単純な関数関係になるとは限らないのは，たとえば以下のような場合です．

1) 正規分布以外の分布でデータの生成過程を考える場合．非正規モデルでは，2 群の分布の位置を比較する場合に，位置母数の差の標本分布や p 値を求めることがそもそも難しい場合があります．検定方法が提案されているケースはむしろ少ないのです．それに対して PHC なら非正規モデルでも比較的容易に差のある確率を計算できます．

2) 事前分布として一様分布以外の分布を考える場合．(重さや時間は負の値にならない，など) データの性質や，それまでの研究によって母数の範囲が狭まっているときや，一様分布以外の事前分布を使用するときは，p 値と PHC が一致したり単純な関数関係になるとは限りません．

3) 生成量に関心がある場合．データの生成過程を正規分布で考えている場合ですら生成量に関心がある場合は p 値を求めることは難しくなります．たとえば体重と身長から計算される BMI (肥満度) の群間差などです．PHC なら仮説に応じた確率を比較的容易に求めることができます．

4) 平均値の差に興味があり，群数が多い場合．有意性検定の多重比較には，有名なものだけでも Holm の方法・Hochberg の方法・Hommel の方法・Bonferroni の方法・Tukey の方法などたくさんあります．つまり 1 つのデータに対して，有意性検定では p 値が何種類も計算されてしまいます．それに対して，モデルとデータが特定されれば，PHC は一意に定まります．より実用的な連言命題が正しい確率も容易に計算できます．「連言命題が正しい確率に相当する p 値」を有意性検定で求めることは，とても難しい課題となります．

Q10　なぜ53%的中するとデイトレードで生活できるのですか

非統計学的に基準点を決めることはとても重要です．ベムの例では，ヌード写真のありかを予知できる比率が $0.531[0.506, 0.556]$ でした．ヌード写真の場合は学術的に無意味です．しかしまったく同じ母比率で未来を予知して意味がある場合もあります．筆者は文献 [6] で，情報をネットから自動的に収集し，(深層学習ではなく) 誤差逆伝播法によるニューラルネットで株価上下 2 値の予測モデルを報告しています．当時は現在とは異なり，スクレイピングや AI で予測を行う個人投資家が少なかったので，投資成績は良好でした．

ここでは購入後に株価が上下に 1 円動いたら，損益に係わらずポジションを解消する状況での (ウリ or カイ選択の) 予測システムを論じています．資金 1000 万円のトレー

ダーが 100 円の株を 10 万株購入すると，10 万円得する (ヌード写真が見られるに相当) か，10 万円損する (何もない) かのどちらかです．1 回あたりの損益が独立なら，合計損益は 1 日あたり

$$(c \times 10\,万円 + (1-c) \times (-10\,万円)) \times 売買数$$

となります．株価の上下を予知できる比率を Bem (2011) と同じ 0.531[0.506,0.556] としましょう．資金をフルに活用して 1 日 10 回売買すると，1 日の損益は 62000 円 [12000 円，112000 円] となります．この日給なら十分に生活できます．ちなみに 100 万円の資金だとすると，当時の手数料では，この母比率では生活できませんでした．同じ的中率でもヌード写真とは異なり，資金 1000 万円のトレーダーの売買システムとしてこの母比率には未来予知としての価値があります．

Q11 PHC が使われると学術雑誌の一部はつぶれませんか

ある研究者の方から，次のような告白を受けたことがあります．

「『統計学的に有意な差がある』といわれると，p 値の実態が分からないだけに，水戸黄門の印籠のように感じて，何となくすごい研究をしたように思ってしまう．p 値が解釈できない確率だからこそ，研究成果を聞いている人だけでなく，実施した本人まで高級な研究をしたように勘違いしてしまう．研究の意義を読者に分かりやすく伝えることのできる PHC が必要なのはいうまでもないが‥‥．研究者自身にとっては，自分の研究成果が分かりやすい形で表現されることで，かえってその成果の小ささに，がっかりしてしまうことも増えるだろうと，内心ビクビクしている面があることも正直に告白する」

役に立つ・意外な・効果の大きい，そして再現される現象を発見することは，そもそもとてもとても大変なことです．再現性の危機に関する 2015 年の *Science* の論文 [1] で追試された実験は，一流誌に載った教科書の内容レベルの研究ばかりです．にも係わらず再現性が低かったのです．それ以下のレベルは推して知るべしです．これまでは実態の分からない p 値によって，有意でも学術的に無意味な論文が膨大に雑誌に掲載されてきました．価値ある研究であるための必要条件に過ぎない帰無仮説の棄却が査読基準だったから大量に公刊できたのです．選手ばかりでなくヒトやゾンビをオリンピックに出場させていたから，無数の雑誌の編集が回っていたのです．しかし，もともと優れた研究の絶対数は少ない．その現実を鑑みるとき「当該学問の進歩に寄与する十分条件の命題が正しい確率が高い」という当たり前の基準を査読通過の条件にしたら，掲載する論文がなくなる学術雑誌もでてくるのかもしれません．

Q12 指導者が「有意性検定をしなさい」と言います

学士・修士・博士などの学位の認定権限をもつ先生が，あるいは授業の担当者が，指導の際に「有意性検定をしなさい」と言うのですね．以下の内容を，折に触れて質問し，

「それでも有意性検定を使わなければいけないのですか？」と問うてみて下さい.

1) アメリカ統計学会は『有意性検定禁止令』を出しました. Don't Say "Statistically Significant" と命令形ではっきり禁止しています. 先生がおっしゃっていることは「製造元メーカーがリコールし, 乗車を禁止している車に乗れ」ということです.

2) *Nature* は『有意性検定を引退させよう』とアナウンスし, 800 人以上の有名な科学者・統計学者が署名しています. 先生がおっしゃっていることは「最大手の消費者団体が, 乗車を控えるように, と呼び掛けている車に乗れ」ということです.

3) 帰無仮説の棄却は有用な科学的結果のための必要条件に過ぎません. 科学的に無意味でかつ帰無仮説が偽の状態などいくらでも考えられます. 科学的に有用であるための十分条件の命題を確率的に言明する方法論に切り替えるべきです.

4) 対照実験を行うためには, 処理の前に複数の群が等質であることが望ましいとされます. しかし有意性検定では帰無仮説を積極的に支持することはできません. 複数の群が実質的に等しいことを積極的に確認できる方法を使うべきです.

5) APA 論文作成マニュアルには, 有意性検定をするなら n の決定根拠を示しなさいと書いてあります. 私は 3 種類の検定力分析の方法を知ってますが, 自由に卒論のテーマを選ぶには数十種類の検定の検定力分析をマスターする必要があります. マニュアル違反をせずに済むように残り数十種類の検定力分析を教えてください.

6) 研究経過確認のため途中で様子見の検定をしますから, 逐次検定・適応型計画で修正する必要があります. APA マニュアルでも記述が義務付けられています. マニュアル違反をしたくありません. 逐次検定と適応型計画を私に教えてください.

7) 調査研究等では, 水準・属性・基準変数・その組み合わせで, 積のオーダーの α のインフレが生じるのに, どうして水準内だけで多重比較をするのですか？ それでは結果は再現されません. 多重性問題の生じない方法を使いましょう.

8) 事前に n を決めたことを執筆後に証明できないと, p 値をモニターしていた疑いをかけられます. p ハッキングしていないことの身の潔白を主張できません. 後年, 誰か (たとえば T 氏) に「事前に n を決めた証拠がないなら, 君の学位の取り消し請求裁判をする」と言われたら, どう抗弁するのでしょうか. 学術的価値の存在証明責任は執筆者側にありますから, 訴えられたら私は絶対に負けます. だから事前に n を決めたことを, 学位認定者の職務として永久に保証してください.

これらの問いかけに対する答えに, あなたの指導者の学術的見識が現れます.

○ 参考文献

[1] Open Science Collaboration (2015). Estimating the reproducibility of psychological science. *Science*, **349**, aac4716-aac4716.

[2] Wasserstein, R.L. and Lazar, N.A. (2016). Editorial: The ASA's statement on p-values: Context, process, and purpose. *The American Statistician* **70**:129–133.

[3] Amrhein, V., Greenland, S., McShane, B. and more than 800 signatories (2019). Retire statistical significance. *Nature*, **567**(7748):305–307. 本文で引用した箇所の原文は "We agree, and call for the entire concept of statistical significance to be abandoned."

[4] Wasserstein, R., Schirm, A. and Lazar, N. (2019). Editorial: Moving to a World Beyond "$p < 0.05$", *The American Statistician*, **73**:1–19. 本文で引用した箇所の原文は 第 2 章 Don't Say "Statistically Significant"; 4 行目 "We conclude, based on our review of the articles in this special issue and the broader literature, that it is time to stop using the term "statistically significant" entirely.", 第 4 章 "Editorial, Educational and Other Institutional PracticesWill Have to Change."

[5] Bem, D.J. (2011). Feeling the future: Experimental evidence for anomalous retroactive influences on cognition and affect. *Journal of Personality and Social Psychology*, **100**, 407–425.

[6] 豊田秀樹 (2002). 行動のバイアスと無常感, 心理学ワールド, **18**, 25–28.

[7] 柳川堯 (2017). p 値は臨床研究データ解析結果報告に有用な優れたモノサシである, 計量生物学, **38**(2), 153–161.

[8] 豊田秀樹 (2016). はじめての統計データ分析 —ベイズ的〈ポスト p 値時代〉の統計学—, 朝倉書店.

[9] 鈴川由美・豊田秀樹 (2012). 心理学研究における効果量・検定力・必要標本数の展望的事例分析, 心理学研究, **83**, 51–63.

[10] Cohen, J. (1988). *Statistical Power Analysis for the Behavioral Sciences*. 2nd ed., Lawrence Erlbaum Associates.

[11] American Psychological Association (2019). *Publication Manual of the American Psychological Association*. 7th ed. ［アメリカ心理学会 (著), 前田樹海・江藤裕之・田中建彦 (翻訳) (2011). APA 論文作成マニュアル, 第 2 版, 医学書院 (原著第 6 版の翻訳) ］

[12] Jennison, C. and Turnbull, B. W. (著), 森川敏彦・山中竹春 (翻訳) (2012). 臨床試験における群逐次法：理論と応用, シーエーシー.

[13] Chow, S. C. and Chang, M. (著), 平川晃弘・五所正彦 (監訳) (2018). 臨床試験のためのアダプティブデザイン, 朝倉書店.

[14] Kruschke, J. (2014) *Doing Bayesian Data Analysis, Second Edition: A Tutorial with R, JAGS, and Stan*, Academic Press. ［前田和寛・小杉考司 (監訳) (2017). ベイズ統計モデリング：R, JAGS, Stan によるチュートリアル 原著第 2 版, 共立出版. 第 12 章］

[15] 豊田秀樹 (編著) (2015). 基礎からのベイズ統計学—ハミルトニアンモンテカルロ法による実践的入門—, 朝倉書店.

[16] Birnbaum, A. (1962). On the foundations of statistical inference. *Journal of the American Statistical Association*, **57**, 269–326.

[17] 豊田秀樹 (2017). 心理統計法'17 有意性検定からの脱却, 放送大学教育振興会 放送大学.

[18] 豊田秀樹 (編著) (2018). たのしいベイズモデリング：事例で拓く研究のフロンティア, 北大路書房.

[19] 豊田秀樹 (編著) (2019). たのしいベイズモデリング 2：事例で拓く研究のフロンティア, 北大路書房.

索　　引

著者略歴

豊田秀樹
とよ だ ひで き

1961 年　東京都に生まれる
1989 年　東京大学大学院教育学研究科博士課程修了（教育学博士）
現　在　早稲田大学文学学術院教授

〈主な著書〉

『項目反応理論［入門編］（第 2 版）』（朝倉書店）
『項目反応理論［事例編］—新しい心理テストの構成法—』（編著）（朝倉書店）
『項目反応理論［理論編］—テストの数理—』（編著）（朝倉書店）
『項目反応理論［中級編］』（編著）（朝倉書店）
『共分散構造分析［入門編］—構造方程式モデリング—』（朝倉書店）
『共分散構造分析［応用編］—構造方程式モデリング—』（朝倉書店）
『共分散構造分析［理論編］—構造方程式モデリング—』（朝倉書店）
『共分散構造分析［数理編］—構造方程式モデリング—』（編著）（朝倉書店）
『調査法講義』（朝倉書店）
『原因を探る統計学—共分散構造分析入門—』（共著）（講談社ブルーバックス）
『違いを見ぬく統計学—実験計画と分散分析入門—』（講談社ブルーバックス）
『マルコフ連鎖モンテカルロ法』（編著）（朝倉書店）
『基礎からのベイズ統計学—ハミルトニアンモンテカルロ法による実践的入門—』
（編著）（朝倉書店）
『はじめての統計データ分析—ベイズ的〈ポスト p 値時代〉の統計学—』
（朝倉書店）
『実践ベイズモデリング—解析技法と認知モデル—』（編著）（朝倉書店）
『たのしいベイズモデリング—事例で拓く研究のフロンティア—』（編著）
（北大路書房）

瀬死の統計学を救え！
—有意性検定から「仮説が正しい確率」へ—　　定価はカバーに表示

2020 年 3 月 10 日　初版第 1 刷

著　者　豊　田　秀　樹

発行者　朝　倉　誠　造

発行所　株式会社　朝　倉　書　店

東京都新宿区新小川町 6-29
郵 便 番 号　162-8707
電　話　03（3260）0141
F A X　03（3260）0180
http://www.asakura.co.jp

〈検印省略〉

© 2020 〈無断複写・転載を禁ず〉　　　　　中央印刷・牧製本

ISBN 978-4-254-12255-8　C 3041　　　　Printed in Japan